科普供给侧结构性改革路径研究

高畅◎著

责任编辑：王雪珂
责任校对：孙　蕊
责任印制：丁淮宾

图书在版编目（CIP）数据

科普供给侧结构性改革路径研究/高畅著．—北京：中国金融出版社，2020.4
ISBN 978-7-5220-0581-2

Ⅰ．①科…　Ⅱ．①高…　Ⅲ．①科普工作—研究—中国　Ⅳ．①N4

中国版本图书馆CIP数据核字（2020）第061655号

科普供给侧结构性改革路径研究
KEPU GONGJICE JIEGOUXING GAIGE LUJING YANJIU
出版
发行　中国金融出版社
社址　北京市丰台区益泽路2号
市场开发部　（010）66024766，63805472，63439533（传真）
网上书店　http://www.chinafph.com
　　　　（010）66024766，63372837（传真）
读者服务部　（010）66070833，62568380
邮编　100071
经销　新华书店
印刷　保利达印务有限公司
尺寸　169毫米×239毫米
印张　13.5
字数　150千
版次　2020年4月第1版
印次　2020年4月第1次印刷
定价　52.00元
ISBN 978-7-5220-0581-2

序

这本《科普供给侧结构性改革路径研究》是高畅博士的最新作品，是一本十分难得的从国家战略层面，探讨科普供给侧改革的研究。作者在法学和经济学方面都有很扎实的功底，邀我作序，实不敢当。

在科普工作中往往存在着重实践轻研究的状况，没有先进的理念就没有先进的实践，这是我国科普战线长期存在的弊端。这本书从供给侧改革的角度，结合我国科普发展的现状进行研究，从建设科技强国的战略高度，以宏观视野，俯视科普发展的今天和明天，体现出作者关注社会热点，以抓住社会需求为出发点，是科普研究中具有高起点的探索性作品，从这个意义上讲，可以说开创了科普研究新思路的先河，也是顺应了科普研究的时代走向。

该研究逻辑清晰，紧密结合公众科学素质调查和最新的科普统计数据，通过模型构建和分析，探索了科普供给侧改革的方向和路径，思路有独到见解，论证符合软科学研究的范式。

这本书通过定量与定性、理论与实践、现实与未来等多个视角，对科普供给侧改革进行了探索。如：通过发展科普联席会议，打造科普生态圈，以创新扩大科普活动影响力和加快科教机构产业化的途径，来加强科普人才队伍的建设，优化科普人才结构；持续推动科普经费投入多元化发展，优化经费投入结构；促进科普与文化的融合，不断创新科普内容和形式；进一步推进科普产业化的进程，调动社会广泛参与科普的积极性；推进科普发展协同化，构建大科普格局，这些观点和思路，既是理论研究的结果又对未来的创新实践提出了建议。

书中提出的从科普与创新协同促进，加快社会全面进步的社会效益与促进产学研结合，从增强科普产业活力和科普现有资源利用率的角度，对科普供给侧结构性改革的社会经济效益进行分析并提出观点和看法，为政府决策和社会科普资源整合提供了借鉴，对推动我国科普事业发展具有实践意义。

当前世界科学教育与科普教育都发生了风起云涌的巨大变迁。最近，联合国教科文组织发表了《反思教育：向全球共同利益的理念转变》的战略研究报告。指出 21 世纪的第二个十年，标志着新的历史节点，这就是实现教育转型。强调教育的目标，不仅关注“个人利益”，而且要关注“全球共同利益”。把“公共利益”的理念转变为“共同利益”。这就要求公众不仅是利益的享用者，而且是利益的创造者。倡导人人都是创造者的新理念，这对公众的科学素养，提出了更高的要求。

我们正处于新一轮技术革命和转变发展方式的历史交汇期。我们的时代已不仅仅是一个知识传播的时代，而是一个思维变革的时代。也就是说，要着力关注把科普从知识层面提高到思维变革的高度。

本书的研究正是从这些方面与中央提出的供给改革的方针相融合。可以说，本书的研究是更好地体现了科普如何为建设科技强国战略服务作出有益的探索。从这个高度看，本书研究的指导思想为科普研究迈出了新的步伐。

我们要进一步加强科普事业创新与深度发展的研究，与全体科普工作者共勉，为推进科普助力实现强国战略的伟大目标，作出我们的新贡献。

李象益

序作者：李象益教授，联合国“卡林加科普奖”获奖者、中国自然科学博物馆协会名誉理事长、中国科技馆原馆长、国际博协前执委。

前　言

科普供给侧结构性改革业已成为科普事业高质量发展的重要动力。本书创新点如下：

第一，针对科普供给来源的广泛性和科普不同主体，以科普公共服务思想，建立了涵盖政府、科学家、科研机构、科研团体、科普机构、科普企业等多角色的科普供给模型，阐述了科普供给形成的内在机制。

第二，基于公民科学素质调查和最新科普统计数据，构建基于供给思想的科普供给侧改革模型，并采用“设定标杆期、测度比率、指标综合”三步法对科普供给侧发展的现状展开综合评价，以定量结果分析科普供给侧结构性改革的方向和路径。

第三，与定量分析相对应，针对目前科普供给效率测算缺乏深刻阐述科普供给内在问题，设计了科普供给效率调查问卷，并基于调查结果，总结中国科普的投入总量、供给结构和供需匹配中存在的问题。

第四，北京作为科普事业发展最先进的地区，也是科普供给侧结构性改革的前沿地区。本书从北京科普事业的制度安排、传统科普供给方式改革、产业化路径选择和改革效果，归纳科普供给侧结构性改革的主要方式。

在定量分析、问卷调查、案例分析的基础上，本书提出了开展科普供给侧结构性改革的主要路径：通过发展科普联席会议，打造科普生态圈，创新扩大科普活动影响力和加快科教机构产业化步伐的途径，加强科普人才队伍的建设，优化科普人才结构；持续推动科普经费投入多元化发展，优化经费投入结构；促进科普与文化的融合，不断创新科普内容和形式；进一步推进科普产业化的进程，调动社会广泛参与科普的积极性；推进科普发展协同化，构建大科普格局。

最后，本书从科普科技协同促进、加快社会全面进步的社会效益与促进产学研结合、增强科普产业活力和科普现有资源利用率的角度，对科普供给侧结构性改革的社会经济效益进行分析。

目　　录

第一章 绪　论

Chapter One

第一节 科普供给侧改革的研究背景与意义

一、研究背景

中国科普事业自改革开放以来经历了40年的高速发展，法律、法规逐步完善，各地政府各项科普相关投入逐年增长，社会科普氛围逐步形成，科普对科技创新的驱动力日益增强。但是，中国科普事业的发展水平同发达国家相比仍有差距：多种测评体系的公民科学素质调查结果表明，中国公民的科学素养同发达经济体相比仍然有较为明显的差距；国家科技部科技交流中心开展的历年公民科学素质调查显示，中国公民科学素质的城乡差异、职业差异、地区差异仍然存在。从总体上看，中国科普事业仍然处于不平衡、不充分的发展阶段。

2016年，习近平总书记在“科技三会”上提出了“科技创新、科学普及是实现创新发展的两翼，要把科学普及放在与科技创新同等重要的位置”，这为我国科普事业的发展创造了新的契机。在“两翼论”的指导下，特别是在党的十九大精神的指引下，科普事业蓬勃发展，各类科普投入快速增长，科普主体活力全面激发，迎来了科普事业发展的春天。随着科普工作进入高质量增长阶段，科普供给侧结构性改革全面推进：从供给总量上看，全面推进科普人才队伍建设，促进科普经费、科普传媒和科普活动增长；从供给方式上看，积极应对科普需求最新变化，以科普工作联席会议方式整合资源，在科普媒体创新与融合、推动科普产业化和提高北京科普国际影响力方面取得了成效。

二、选题意义

开展科普事业供给侧结构性改革，是国家为适应新形势提出的新任务，有助于提升科普供给水平，更好地满足科普素质短板人群、科普事业发展较慢地区的科普需求。通过推进科普事业供给侧结构性改革，提升科普效能、弘扬科学精神、普及科学知识、传播科学方法，是加快实现全面建设小康社会奋斗目标的重要手段。

以供给侧结构性改革的思想为指导，对中国科普供给侧的主要供给方式、供给基本能力、结构性矛盾进行全面分析，结合现阶段社会大众对科普知识、科普活动、科普作品的新需求，加强对科普事业的理论研究，同时以统计数据和对中国科普各项投入、产出情况的调查研究为基础，规划科普事业供给侧结构性改革的实施路径，是提升各项科普投入效率的重要方式。

第二节 国内外科普理论的研究现状

发达国家的科普理论研究相对较成熟。在科普供给研究方面，国外学者的研究多集中在某个地区科普发展新情况和科普教育的方式方法上。例如，M. Rocard（2007）对欧洲地区科普教育方法更新的研究；N. Council（2000）分析了制度化下科普水平不平衡的问题；A. Hofstein（2010）研究了实验室开放程度对科普工作的影响等。总体来看，近年来站在全社会发展角度研究科普问题的国外文献较少。

近年来，针对我国科普发展的需要，我国学者也开展了众多科普供给侧与需求侧方面的研究。

在科普供给侧的研究方面，学者多将科普视为产业，直接应用经济领域中的投入产出分析方法进行测算。例如，佟贺丰（2006）通过构建科普指标体系，用定量化方法进行科普投入产出分析，以衡量一个地区科普投入的力度；刘长波（2009）则认为科普公益性的一个最明显的结果就是科普投入与产出的不对称性，科普的公益属性应当纳入科普的供给面；江兵等（2009）构建了科普产业生态体系模型，从产业组织和外部环境等要素出发，分析了影响科普产业发展的相关因素，对科普产业体系中各类角色的作用进行了定位；古荒（2011）运用公共产品理论，对科普产业、科普事业二者的结合发展进行了理论研究，论证了科普事业同科普产业协同发展的可能性；李黎（2012）进一步分析了科普产业的功能，并对其相应表现出的两方面特征进行了深入研究：科普产业在社会结构系统中承担着一定的功能，这些功能赋予了科普产业特殊的意义和价值，同时也决定了科普产业独特的属性和特征。

在科普出现的新需求侧的研究方面，近年来多位学者从不同角度进行了分析。郑念、张利梅（2010）认为，我国科普人才的发展现状仍不能满足科普事业发展和全民科学素质建设的需求，与国家人才强国战略的要求还有一定的差距，科普人才的匮乏制约着科普事业的发展。刘敢新（2013）指出，科普存在的问题表现在两个方面：一是“科普活动参与率低”；二是“主要是由政府来组织和领导，自发组织科普活动积极性不高”。第二点与我国的行政特点有关。我国的基层科普工作主要由相应的政府组织统筹规划，实行以财政支持科技工作部门的机制。一方面，政府宏观干预和经费支持可以让基层科普工作有坚实的基础，但由于没有反馈，基层科普活动的质量无法及时提高，有可能造成经费的浪费；另一方面，基层科普工作的范围“广而杂”，要求科普工作人员具有一定的专业背景以及不同程度的科普工作能力，使科普工作者的工作压力较大，业务工作水平难以提高。

在科普人员投入研究方面，任伟宏（2014）认为科普产业组织形式还处于散、缓、小、弱的状态，整个科普产业结构中传统科普展教品产业所占的比重较大，现代新兴科普产业发展不足，制约科普产业发展的深层次问题没有得到解决。针对此问题，他提出应在扶持骨干科普企业，建设科普产业研发中心，扶持新兴科普产业态发展，实施重大科普项目，加快科普产业园区和科普产业示范基地建设，增强科普产业集群发展，建立健全市场体系等措施方面对科普产业进行改革。朱建国（2015）认为我国科普产品总体质量不高、缺乏精品，优秀的原创作品少，科普创作的发展后劲严重不足，难以适应新形势下公众的需求。

总而言之，目前发达国家科普研究相对较成熟，对供给和需求的研究基本匹配，其研究集中在科普新情况和科普方式的创新方面。而国内的研究无论是科普供给侧还是需求侧的研究都偏重于对某一要素的研究，罕有从供给侧结构性改革这一全面的角度，从投入的效果、成本以及资源的匹配程度上进行的分析，对科普事业发展的政策指导性不强。此外，国内外关于科普发展改革的研究，多以定性分析为主，少量的定量分析也多停留在统计数据的表征层面，缺乏进一步的分析和挖掘。关于科普效果，无论是对科普效果界定还是对科普效果评估方法、评估指标的研究，目前均没有权威性研究成果。

第三节　科普供给侧改革核心概念的界定

一、公民科学素质

科学素质（Scientific Literacy），或称做科学素养，这一概念产生于20世纪50年代的美国。第一次提出科学素质这个概念的是美国学者詹姆斯·布莱恩特·科南特（James Bryant Conant），他在1952年出版的《科学中的普通教育》一书中提出“被人们称为专家的那部分人，其最显著的特点是他们具备科学素质”。而首次将科学素质一词用于研究科学教育问题的是斯坦福大学的赫德（Paul DeHart Hurd），他在1958年的一篇题为“科学素养对美国学校的意义”的论文中，把科学素质解释为“理解科学及其在社会中的应用”，并进一步探讨了科学与社会之间的关系。此后，关于此概念的研究逐渐进入学者的视野。

（一）国外关于科学素质的研究

科学素质概念提出后，对这一概念内涵的界定成为学界关注的焦点。国内外学者从科学哲学、科学社会学、科学教育学、科技政策与传播学等不同视角，对科学素质这一学术概念的内涵、结构、本质等进行了大量的研究。例如，最早以经验为基础对科学素质进行定义的是佩拉（Pella，1966）及其同事，他们系统地分析了近100篇与科学素质相关的文章，发现科学素质常表示为：①科学与社会的关系；②科学家的道德；③科学的本质；④科学基本概念；⑤科学与技术的区别；⑥人文与科学的关系等。

1975年，Shen提出“三层次说”，从实用、公民、文化三个层次界定科学素质：①具有实用科学素质（practical scientific literacy）的人具有解决实际难题的那类科学知识，可以满足人类生活与生产需要；②公民科学素质（civic scientific literacy）将使公民清晰地了解与科学相关的问题，具有参与公共政策的民主决策能力；③文化科学素质（cultural scientific literacy）是指知识分子团体中具有文化引领作用与影响潮流思想的某种素质。这些观点极大地推动了人类对科学素质概念的理解，但在公民科学素质测评方面仍存在着较大的困难。

美国著名学者米勒（J. D. Miller，1983）在多次实际问卷测评的基础上，提出了“三维度模型”界定科学素质：①对科学知识与概念术语的理解；②对科学规范与科学方法的理解；③了解认识科学对社会的影响。该理论界定简单明确，具有很好的概括性，便于开发相关问卷对公民科学素质进行测评，因而被广泛地应用到各国公民科学素质调查中，影响力很大。然而，根据其理念设计出的公民科学素质调查问卷，在各国多年的实践中也开始出现新的问题，如米勒问卷很难适应发展中国家的国情。

美国对科学素质概念的界定直接推动了其三项重要政策的出台：①制定“2061 计划”的理论基础是《面向全体美国人的科学》和《科学素质的基准》；②美国国家研究理事会编制的《美国国家科学教育标准》和《美国国家技术教育标准》；③《事关科学：提高科学素质》，针对一般公众而非科学家提出了“做科学”和“用科学”的明确划分。1985 年，美国科学促进会（American Association for the Advancement of Science，AAAS）与美国科学院（National Academy of Sciences，NAS）、联邦教育部（Department of Education，U. S. DE）等 12 家机构启动了一项旨在提高公民科学素质的课程改革工程——“2061 计划”（Project 2061），改革美国中小学生（从幼儿园到 12 年级）的自然科学、社会科学、数学和技术的教育。

英国学者杜兰特（Durant）在借鉴米勒的概念模型的基础上，率先开展了英国国内的公民科学素质调查，并于 1989 年策划了欧洲 15 国公民科学素质调查的横向比较，取得了极有价值的数据和分析结果。欧洲学者除实证测评之外，更多地关注人的功能，倾向用“公众理解科学”（public understanding of science，PUS）来代替传统意义上单向科普的概念。杜兰特则提出了民主理论模型，包括单向缺失模型和双向传播民主模型。科学素质的概念界定与理论模型极大地促进了公民科学素质测评的顺利进展。

（二）国内关于科学素质的研究

一是对国外学者的科学素质理论进行综述和进一步的讨论。郭元婕的“科学素养”之概念辨析（2004）从比较的视角对科学素养的发展历程做了纵向描述，指出科学素养内涵的扩展是一个历史的、动态发展的过程，科学素养概念是一个理解多元化、因科学的发展而发展的概念。程东红的关于科学素质概念的几点讨论（2007）从内涵和功能分析的角度，回顾了国外科学素质概念的演变历程，提出学界关于科学素质概念的知识建构反映着社会的需求和价值观，中国公民科学素质的研究，应基于中国当前经济社会的发展阶段，在保留当今世界各国公民科学素质共性要求的同时，把公民科学素质与中国百姓生存与发展关系最为密切相关的内容凸显出来，把广大劳动者对于自身科学素质最迫切的需求表达出来。郭传杰、褚建勋、汤书昆、李宪奇的公民科学素质：要义、测度与几点思考（2008）梳理了国内外关于公民科学素质的理论体系，对其概念要义进行了综合比较，在此基础上重点探讨了我国公民科学素质测度存在的问题和需要讨论的测度方案，并结合相关政策实施提出了几点战略上的思考。张增一、李亚宁的科学素质概念的演变（2008）一文对科学素质概念的演变过程进行了梳理，提出科学素质是一个历史的和社会的概念，在不同历史时期和不同的社会文化环境中被赋予了不同的内涵，是一个开放的、发展着的概念。陈巧玲、张江卉的科学素质概念的文献综述（2012）对与科学素质的概念和内涵相关的文献进行系统的整理和分析，发现国际上大多数学者和机构在讨论科学素质的定义时，主要涉及科学素质概念的实质（nature）、建立目标（purpose）和测度指标的构成（components），国内的众多定义存在附和发达国家的定义而缺乏中国特色等问题。

二是针对科学素质概念提出自己的理解。我国关于科学素质比较成熟的官方定义有两个。1999 年中国科协制定的《全民科学素质行动计划大纲》中提出："科学素质是国民素质的组成部分，是指公民了解必要的科学知识，具备科学精神和科学世界观，以及用科学态度和科学方法判断及处理各种事务的能力。"《全民科学素质行动计划纲要（2006—2010—2020）》（以下简称《纲要》）中提出：公民具备基本科学素质一般指了解必要的科学技术知识，掌握基本的科学方法，树立科学思想，崇尚科学精神，并具有一定的应用它们处理实际问题、参与公共事务的能力。与此同时，我国学者对于科学素质的概念也提出了一些自己的解读。2004 年，北京大学科学与社会研究中心的高广宇提出：科学素质的核心内涵是在科学方面的读、写和交流的能力；科学素质的基本内涵是运用科学解决个人和社会问题的能力；"信息素质"已经成为"科学素质"内涵的重要组成部分。2007 年，在"落实《纲要》论坛暨第十四届全国科普理论研讨会"上，清华大学的刘立提交了题为"公民科学素质的定义、内涵及理念新探"的文章，指出"公民科学素质是指公民了解必要的科学技术知识，掌握基本的科学方法，树立科学思想，崇尚科学精神，认识科学技术与社会的相互作用，坚持科学发展观，并具有一定的应用它们处理实际问题、参与公共事务的能力"。马来平的公民基本科学素质刍论（2009）以《纲要》所提出的科学素质概念为基础，围绕"掌握基本的科学方法、树立科学态度、崇尚科学精神"应具备的两类基本能力、四个主题，进一步对科学素质所包含的几个主要侧面进行了解读。

三是对科学素质测度以及提高全体公民科学素质的策略和方法进行研究。翟立原的提升公民科学素质的新探索（2007）基于对公民、素质和科学素质内涵的相关界定及《全民科学素质行动计划纲要》提出的公民具备基本科学素质的一般要求，从4个方面为提升公民科学素质制定了子目标，并依据子目标构建了相应的科学传播内容体系。张泽玉、李薇的中国公民科学素质基准研究（2007）对我国科学素质环境进行了分析，继而讨论了基准制定的定位、原则以及基准所应包含的内容，对可能的实施方案以及该方案可能遇到的一些实际困难也进行了讨论。汤书昆、王孝炯、陈亮的国际科学素质评估的比较与启示（2008）对以美国“公众理解科学技术调查”为代表的国际成人科学素质评估和以国际经合组织“国际学生评估项目”为代表的国际未成年人科学素质评估活动进行了述评，就完善我国公民科学素质评估体系提出了若干操作性建议。陈发俊、史玉民、徐飞的美国米勒公民科学素养测评指标体系的形成与演变（2009）论述了米勒公民科学素养测评指标体系的产生背景、形成过程与演变历程及其国际应用，并揭示了其对我国当前公民科学素质测评指标建设所具有的借鉴意义。张超、李曦、何薇的科学素质与科学素质调查的意义（2009）从国际上公民科学素质调查入手，分析了多文化背景下的世界各国（地区）对科学素质的理解，并分析了对我国科学素质研究和公民科学素质调查的启示意义。张超、何薇、李秀菊的科学素质研究中国实践解读（2009）通过总结科学素质研究在国内外的一些现状及发展趋势，对我国公民科学素质研究提出了参考性建议。刘书雁、翟玉晓、戴同斌的关于公民科学素养的几点思考（2011）分析了提高公民科学素养的意义，提出了提升公民科学素养的措施：通过教育改革，不断提高公民的受教育程度；完善各种职业培训和考核的内容，建立相关科学素养的职业标准；推动以社会为主体，而非过去以政府主体的科学文化建设；做好科学普及的工作，不断加强科普事业的发展；加大科技场馆的配套设施建设力度。张超、任磊、何薇的中国公民科学素质测度解读（2013）一文对国内外公民科学素质测度的发展趋势、测度方法的演进、我国公民科学素质的测度现状、公民科学素质水平测度的表征方法进行了总结，指出我国公民科学素质测度研究需在公民科学素质概念，公民科学素质测度指标体系、表征方法等方面继续改进和完善。任磊、张超、何薇的中国公民科学素养及其影响因素模型的构建与分析（2013）一文以2010年中国公民科学素养调查数据为基础，利用结构方程模型（SEM）构建中国公民科学素养及其影响因素模型，通过与美国学者构建的相应模型进行比较，分析不同社会语境公民科学素养的影响因素特点，给出了有效提高中国公民科学素养水平的模式和途径。任磊、张超、黄乐乐、何薇的我国公民科学素质监测评估的新发展和新趋势（2017）从科学素质概念在评测实践中的演进、调查方式的创新、互联网时代的科学素质监测评估三个方面，梳理了近年来公民科学素质监测评估领域的新发展和新趋势，为公民科学素质监测评估工作提出了思考和展望。

四是围绕《纲要》对公民科学素质的要求和提高重点人群的科学素质的策略进行研究。提高不同人群科学素质策略的研究，从提高手段来看，首先以教育为主题的占多数，讨论涉及学生科学教育和各级各类成人教育；其次是利用各种科普方式来提高不同人群的科学素质。从研究对象来看，首先是对提高学生科学素质策略的研究较多，其次是农民和公务员；对提高城镇劳动人口科学素质策略的研究很少。此类研究成果非常多，限于篇幅，此处不再赘述。

综上所述，由于国外学者对科学素质概念、内涵以及结构的研究起步早，研究和应用比较成熟，关于科学素质的基本概念、内涵、结构均是由国外学界提出并确定的，国内学者对科学素质的研究多是在发达国家设定的框架基础上延伸，或者是在此框架下进行研究。尽管如此，国内学界在科学素质研究方面还是取得了不少的成果。学者们普遍认识到科学素质是一个历史的、动态的概念，随着科学的发展而变化的，随着地域的不同在应用方面也会存在差异。国内学界致力于结合中国实际对科学素质的内涵、测度方法等进行研究，努力探索一条符合中国国情的提升国民科学素质的道路。由于中国地域广阔、人口众多，各地情况千差万别，加强对科学素质有关理论的研究，探索符合中国国情的测度和应用方式，还有很长的路要走。

二、科普公共服务

公共服务是21世纪公共行政和政府改革的核心理念，包括加强城乡公共设施建设，发展教育、科技、文化、卫生、体育等公共事业，为社会公众参与社会经济、政治、文化活动等提供保障。公共服务以合作为基础，包括加强城乡公共设施建设，强调政府的服务性，强调公民的权利。目前学界没有对“科普公共服务”这一概念的明确定义，但结合公共服务的内涵，科普公共服务即强调科技资源在服务方面的公共性、共享性，强调政府在科技和科普方面的服务性。

当前学界对科普公共服务的系统性研究还比较少。陈云菲的我国基本科技服务均等化研究（2009）通过分析2005年与2007年全国两次科普统计的数据以及其他统计年鉴的数据，得出人均科普经费补助、科普资源投入、科普活动展开和科普传媒发展在我国各地区之间、城乡之间存在显著差异的结论。同时，分析了造成非均等化的原因，认为主要包括传统发展模式的禁锢、财政转移支付制度产生的弊端、科普传统和氛围的影响等历史因素，以及现行基本科技公共服务供给机制的局限、基本公共服务均等化的层次性实现模式等现实因素。他提出，要实现基本科技公共服务均等化，首先应在制度上得到保障，主要包括公共财政制度、转移支付制度和城乡协调发展制度；其次还需要良好的运行机制，包括公众科技服务需求的偏好表露机制、政府官员的激励约束机制、基层科普服务运行机制、科普经费筹集机制。刘烨在中国科普服务均等化问题研究（2010）一文中建立了科普服务均等化程度测度指标体系，通过科普服务的投入与产出指标来刻画我国地区间、城乡间和人群间在享受科普服务方面存在的差异，针对这种差异进行了原因分析，并据此提出了相应的政策建议。莫扬的我国科普资源共享发展战略研究（2010）在深入调研基础上，分析了公共科普资源共享的发展现状、工作难点和存在问题，探讨提出了科普资源共享工作下一步发展的指导思想、战略目标及工作原则。武汉市武昌区科协的关于加强基层科普服务体系建设的思考（2014）提出要建立完善的基层科普服务体系，使全民科学素质的提高与快速推进的城市化发展战略新要求相适应，要从三个方面努力：充分认识基层科普服务体系建设在科普工作中的基础性作用；把科普益民作为加强基层科普服务体系建设的着力点；把提升科普服务能力作为加强基层科普服务体系建设的突破口。

虽然系统性研究不多，但在一些具体问题的研究方面还是取得了不少成果。不少学者聚焦于某地或某个领域科普资源的开发和利用，开展了一些个案研究。许兴春的安徽省地质博物馆公共文化服务问题及对策研究（2016）从博物馆和公共文化服务的概念界定入手，分别对安徽省地质博物馆、安徽省博物馆公共文化服务历史发展、安徽省地质博物馆公共文化服务现状进行了描述，并指出了其公共文化服务中存在的六个方面的问题，即服务设施应该优化、教育活动缺乏品牌、信息化建设有些滞后、文创产品开发刚刚起步、对外交流需要加强、队伍建设任重道远，并提出了有针对性的对策。杨朋的公共服务视角下县域科学普及现状及对策研究——以南阳市南召县为例（2018）运用公共服务理论、公共物品理论等，以南召县为案例进行分析和研究，通过对南召县科学普及现状的研究，揭示科普事业在我国县域的发展现状、存在的问题及成因，从公共服务视角提出了壮大科普队伍、营造科普氛围、加大科普投入、健全科普机制四个加强县域科学普及的对策。王东英的泉州市科普公共服务质量研究（2015）通过对福建省泉州市城市科普场馆的实地调研，描述了以科普场馆为载体的泉州市科普公共服务建设和服务质量现状，从物质资本、人力资本和社会资本三个方面分析了城市科普公共服务质量的影响因素，指出泉州市科普公共服务建设中存在的问题，并对进一步完善提升其科普公共服务质量展开了深入讨论。刘健的上海市科普资源开发与利用研究（2011）指出在推进科普资源开发与共享建设中，无论是国家层面还是地方层面都投入了大量的精力和财力，取得了一定成果及经验。然而，在科普资源开发和共享服务上，优质资源缺乏、总量不足，社会上不同权属的资源分散且无法集成，资源利用率不高、服务基层能力差，科普创作和资源研发的队伍缺口大等突出问题仍难以破解。杨希的我国科技馆免费开放政策实施研究（2017）从公共物品和新公共服务理论视角出发，阐述了科技馆免费开放政策的内涵、背景、变迁及作用，着重分析了科技馆免费开放政策自身存在的不足及实施中产生的问题，剖析了问题产生的原因，并通过分析发达国家科技馆免费开放政策，借鉴各国经验，提出了完善科技馆免费开放政策的对策和建议。

随着互联网和科学技术手段的发展，科普服务的手段也发生了一些变化，学者对利用互联网技术提升科普服务效能也做了有益的探索。莫晓云的基于云计算的科普服务平台研究（2013）论述了云计算的概念、服务类型和部署模式，在此基础上分析了基于云计算的科普服务平台优势及平台建设的可行性，为科普服务云平台的研究提供了支持。文章还探讨了科普服务平台的内涵、建设目标，在研究云计算平台基本架构的基础上，提出了基于云计算的科普服务平台总体模型和科普服务平台的应用架构。王法硕、王翔的大数据时代公共服务智慧化供给研究——以“科普中国 + 百度”战略合作为例（2016）一文致力于探讨如何利用大数据创新公共服务供给方式，实现国家治理体系和治理能力的现代化。在界定公共服务智慧化供给内涵与特征的基础上，建构了包括政策引导、需求感知、平台构建、合作生产与服务提供等维度在内的公共服务智慧化供给过程模型，并通过对“科普中国 + 百度”战略合作案例的分析验证了该模型的解释力。

综上所述，可以看到无论是系统性研究还是个案研究，大多数研究都把落脚点放在对科普公共服务存在问题的总结上，并提出了相应的对策建议。供给能力不足、供给主体和供给形式单一、优质科普资源缺乏、资源共享意愿不强是普遍存在的问题，学者对互联网和信息化手段的关注，也是为了从创新手段入手提升科普公共服务的能力。如何通过政府引导，激发社会参与科普公共服务能力的提升，仍然是一个值得研究的课题。

三、科普供给与需求

学界关于科普供给与需求的研究，实际仍然属于科普公共服务的范畴。对这两个概念的细化研究，更加凸显了科普公共服务能力不足的症结所在，即供给端和需求端的不对等。如何解决好供给端和需求端的矛盾是今后学界应当关注的一个核心课题。

中国科学院科技政策与管理研究所副研究员朱效民在“增强供给，满足需求——谈谈公共科学文化服务体系建设的思路”一文中指出，公共科学文化服务体系的建设不仅要强调增加供给能力，还应考虑如何更好地满足需求，将以往科普从外部注入、要求接受的方式变为需求导引、服务为主的方式，以公众的科学需求为导向，更有针对性地提供公众所需的科学知识，从而使公共科学文化服务体系的“供给”真正为公众所享、为公众所有、为公众所欢迎。从中我们可以看到，科普供给和科普需求实际上是科普公共服务的一体两面。与科普公共服务研究一样，学界在科普供给、科普需求方面的研究缺乏系统性，多是从一些具体的领域或区域入手进行的分析。

在科普供给方面，刘莹的云南省科普服务供给研究（2013）从公共产品理论和新公共管理理论出发，分析科普的混合公共产品性质和科普需求的多元化，进而剖析科普供给中存在的问题，论证科普供给多元化的必要性，得出以下结论：一是云南的科普供给存在着供需矛盾突出、经费缺口大、投入不均衡、科普资源总量不足、供给机制不完善、缺乏专业人员等问题；二是云南的科普供给以政府为主体，主要采用政府为主体的独立供给模式、政府与企业合作供给模式和政府与社会团体合作供给模式三种供给模式；三是以政府为主体的供给模式是造成供需不平衡的主要原因，而社会、企业科普投入意识淡薄、投入量不足也是一个重要因素；四是无论是从满足多元化的科普需求上看还是从解决政府供给困境上看，构建多元化的科普供给机制都是势在必行的。祁路的城市社区科普服务供给研究——以武汉市洪山区为例（2017）在现有的关于城市社区科普研究的基础上，通过对相关文献资料的分析，以洪山区城市社区科普工作实践为例进行案例分析，指出政府在洪山区城市社区科普服务供给中起主导作用，其他供给主体更多的是在政府引导下参与社区科普服务供给，供给内容及规模明显小于政府，并据此提出建立和完善城市社区科普服务供给的有效对策与建议。李陶陶的科普供给问题探因与对策（2018）从科普供给的提供者、途径和内容三个方面，指出科普提供者不适应科普市场需求、科普途径不适应时代变化、科普内容不适应受众兴趣点等问题，并从理念和目的两个方面进行了归因分析。基于问题梳理和成因分析结果，提出了提升科普供给水平的一些对策。

在科普需求方面，高宏斌、张超、何薇的我国东中西典型城区领导干部和公务员科普需求研究（2008）从我国东、中、西部各选择一个城市的城区（分别为成都市金牛区、武汉市武昌区、苏州市高新区与沧浪区）进行领导干部和公务员科普需求问卷调查，并在数据分析后总结出我国东、中、西典型城区领导干部和公务员科普需求的途径、内容和需求度的特点，为领导干部和公务员的科普工作提出了建议。胡俊平、石顺科的我国城市社区科普的公众需求及满意度研究（2011）通过对当前我国城镇居民的社区科普需求和满意度现状的调查和分析，为进一步深入开展社区科普工作明确了思路和策略。李蔚然、丁振国的关于社会热点焦点问题及其科普需求的调研报告（2013）通过自行编制问卷，就公众对社会热点、焦点问题的看法，与科普相关的社会热点、焦点问题的特点和形成的主要原因，公众渴望接受的与社会热点、焦点问题相关的科普教育内容及有效途径，针对社会热点、焦点问题开展科普工作存在的问题等进行了调查，并从政府加强科普工作的规划与管理、发挥科学共同体及科学家的权威作用、加强学校科普教育、利用互联网等新兴媒体进行科普宣传、表彰与奖励优秀科普工作者等方面提出了应对社会热点、焦点问题科普需求的建议。

从区域科普需求研究角度，姜琳的哈尔滨市社区科普教育的公众需求研究（2013）从哈尔滨市社区科普的现状、社区科普的公众需求以及社区间互动交流等多方面存在的问题及形成原因等方面，对哈尔滨市社区科普公众需求问题进行了详细的讨论和分析。王朝根的福建省公众科普需求现状及其影响因素研究（2013）通过对调查问卷的深入分析，概括了福建省公众科普需求的现状和实情，在此基础上，结合统计分析软件 SPSS17.0 以及 AMOSS17.0 建立起福建省公众科普需求影响因素的结构方程模型，并进行拟合和检验，得出了公众的个人客观因素（包括公众的年龄、文化程度、归属群体、经济情况）、公众的个人主观因素（包括科普的动因、目的）以及科普资源和活动本身的趣味性、满足性和有用性是影响着公众科普需求水平的主要因素的结论，并为提高福建省公众科普需求水平提出了如下建设性的意见：加强政府科普投入、管理和引导作用；深入了解公众的客观条件，开展有针对性的科普活动；明确公众参加科普的主观意愿，提高科普工作效率。秦美婷、李金龙的“雾霾事件”中京津冀地区公众健康与环境科普需求之研究（2014）以北京市、天津市和河北省农村和城市为目标调研，从公众需求视角分析该地区居民在需求媒介、需求内容和需求程度上的各种特征与趋势，为相关组织科普工作提供科学依据和建言。类似的具体研究较为丰富，此处不一一列举。

第四节　科普供给侧改革的研究方法与进路

为使本书的研究路径构建在坚实的理论基础上，本书对科普事业的需求侧和供给侧进行了全面深入的调查，并建立了科普事业发展的供给效能模型。基于调查结果和统计年鉴，通过定量分析寻找中国科普事业的供给侧结构性矛盾。结合当前科普实际工作情况，分析提升中国科普投入效能的实施路径。

本书的科普供给侧结构性改革路径构建在科普供给综合评价、供给侧结构性改革调查问卷和对科普供给侧结构性改革创新举措的归纳上（见图1－1）。

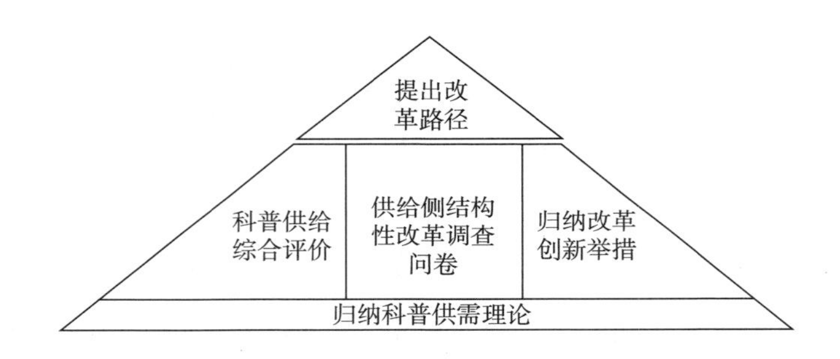

图1－1　本书研究思路

对科普发展情况进行综合评价是科学地制定各类科普政策的基础，构建反映一个地区科普供给侧结构性改革的综合评价指数，有助于提升各类科普资源同科普受众的匹配程度，有助于科技主管机构建设社会化科普传播体系。合理地构建科普发展指标，并进行定量分析，能够帮助科技主管部门发现科普事业发展的总体态势、发展速度和地区间科普发展情况，以便补齐科普事业短板，更好地推动科普事业的全面进步。

在科普供给侧结构性改革问卷调查中，我们邀请了124位科普领域从业人员和专家，调查对象具备对科普事业发展较深的理解。调查问卷中关于科普供给侧结构性改革的问题，多为对科普事业发展状态的排序和态度的调查，以此分析科普供给侧结构性改革的主要任务。

从全国科普工作实际来看，各省市在科普供给侧结构性改革方面进行了积极的尝试，不断探索提升科普工作质量效益的创新举措。从科普供给侧结构性改革的重点任务出发，本书总结了科普制度实施、科普产业培育、传播方式创新、强化科普主体参与等创新途径。

就科普供给侧结构性改革的途径来讲，它来自五个并行的方面：加强科普人才队伍的建设，优化科普人才结构；持续推动科普经费投入多元化发展，优化经费投入结构；促进科普与文化的融合，不断创新科普内容和形式；进一步推进科普产业化的进程，调动社会广泛参与科普的积极性；推进科普发展协同化，构建大科普格局。

第二章 科普的供给与需求

Chapter Two

第一节　科普供给体系

一、供给观点的起源与发展

供给主导需求的思想起源于经济学中的供给学派。供给学派认为，促进经济增长的着眼点应是供给而不是需求。目前学界普遍认为供给学派的鼻祖是萨伊，其基础理论可以概括为“供给能够自己创造出需求”。供给理论强调劳动生产的重要性，认为生产能够创造出与之相匹配的需求，不会出现生产过剩的情况，着重强调供给对经济增长的作用。供给理论近百年来逐步发展完善。

萨伊定律之所以正确，是因为供给是需求的唯一可靠的源泉。萨伊定律在20世纪80年代作为经济政策的实施纲领被西方经济体广泛接受。在古典经济学中，无论是亚当·斯密还是李嘉图，其主张都是通过建立高度自由化的市场，减少政府干预及计划生产的方式，使市场在供给和需求的平衡中发挥作用。但是，在需求管理和供给管理的侧重点上，不同经济学派的着眼点大相径庭。在古典学派、凯恩斯主义和货币主义的观点中，对供给的分歧主要集中于供给曲线的斜率影响因素和短期长期供给关系。这些学派对供给研究的主要内容是工资、物价等因素对供给曲线变动的影响方式和影响速度。这些学派对需求管理的重视程度远高于供给管理，供给学派则与之相对，将侧重点放在供给管理上。

蒙代尔则从政策的角度定义了供给经济学，认为通过克制的货币政策和合理的税收组合政策能够实现充分就业和经济增长。以供给为核心研究经济增长问题的经济理论可以被称作供给学派。在供给学派中，卢卡斯（R. E. Lucas，1989）在其著名的经济增长机制三模型中提出，人力资本水平的提升和科技进步的推动，是经济增长的最基本、最原生的动力。供给侧结构性改革的核心，绝不是简单地通过财政手段或货币手段对经济进行干预，而应当是在维持社会经济平稳运行的基础上培育经济新动力。供给学派中重要的理论之一是关于税收制定上的“拉弗曲线”。不同于凯恩斯主义的“倒 U 形”税收曲线，供给学派认为可以将调整税率作为促进经济增长和抑制通货膨胀的主要手段，这一思想在资本税、所得税、储蓄税、研发税的政策制定上得到了广泛应用。

围绕中国的现实问题，经济学界从产业、投资、创新等角度对供给侧结构性改革开展了理论研究。总体而言，供给侧结构性改革在很大程度上是围绕工业领域，特别是制造业领域进行的。

在供给侧结构性改革的视角下，产业结构调整和产业升级的核心问题是重新定位政府和市场的关系，将市场导向与政府导向结合起来，促使过剩产能逐步退出，加快培育新动能行业，减少制造业行业内长期产能过剩引发的无序竞争和资源错配问题。问题的关键点是如何通过各类手段在经济整体、行业内部、重点国有企业等层面推进改革，充分完善市场经济竞争机制，消除市场发挥资源要素配置作用的阻碍因素，以更加有效的政府宏观调控手段，实现产业结构的合理化转换。

二、科普供给的特性

科普事业具备科学性和文化性二重性。从生产力促进，即功利角度来看，科普具备承接科学技术、促进社会经济发展的承接性功能。科普是科学和文化之间的桥梁，是社会竞争软实力和构建创新社会的必要条件。

由于科普具有无形性、不可分割性、服务的广泛差异性和共享性，科普服务的公共服务特征更加明显。随着国际竞争日趋激烈，科普公共服务越来越受到国际社会的高度重视，成为政府公共服务的重要组成部分。

相对于经济概念，在科普领域的科普供给关系中，供给更加具备主导地位。由于科学技术本身的不可预测性和广泛的延伸性，科普受众基本上无法自行选择合理的科学知识接收途径和对自身真正有价值的科普内容。科普需求的发起，往往不是通过民众的直接意愿表达，而是通过科学共同体、国家管理机构，对科普的需求进行科普方向与方式的把控。

因此，主流观点认为，科普同政府或科研机构密切相关，而同企业、市场关系不大。科普作为公共服务的一种，科普供给的来源途径多种多样，但主要是由政府或科研机构进行科普基础设施建设和科普活动的组织。国内外的实践经验表明，通过文化型企业以市场的方式进行科普供给，是提高科普供给能力的一种途径。

第二节　公共服务思路视域下的科普供给模型

一、既有研究综述

张超等（2015）的研究表明，公众满意度能够较为准确地反映公共服务的产出质量。李娟（2015）基于“投入—过程—产出—效果”模型，对影响公共文化服务水平的因素进行了深入分析，在结合对影响因素的分析和相关学者研究的基础上，初步构建了公共文化服务水平评价的指标体系，通过专家咨询、隶属度、相关性以及鉴别力分析等方法对指标进行了有效筛选，最终确定了涵盖6个维度30个指标的评价体系，并通过信度和效度检验对其合理性进行了验证。结果表明，公共文化服务投入、服务保障、活动产出以及公众参与均与公共文化服务水平呈显著的正相关关系；并且这几个维度之间存在较强的因果关系，公共文化服务投入水平的提高直接导致公众参与的增加。我国公共文化服务水平评价的研究还处于起步阶段，国内大部分地区尚未建立和颁布相应的建设标准和要求，尚无权威的评价指标体系和评价方法，亟须构建科学化、规范化、标准化的指标体系，对公共文化服务水平进行系统、定量的分析，并进行评价和决策优化。

潘心纲（2013）认为，公共服务是指能使公民受益或享受，能满足公民生活、生存与发展的某种直接需求。公民作为人的直接需求，主要有生存、生产、生活、发展和娱乐等需求。例如，教育公共服务是指教育过程使用了公共权力或公共资源，公民可以从受教育中得到某种满足，是公民所需要的，教育有助于他们的人生发展。王安琪（2017）认为公共服务供给应充分发挥政府、事业单位、社会组织、企业等多元主体的协同作用。童萍（2016）认为公共文化指的是具有“公共性”和“共享性”的文化，即与社会大众的共有福祉和公共利益有关的文化。当代中国语境中的公共文化与传统公益性文化事业在本质上是相同的。区别只是在于文化提供的方式，公共文化更强调文化发展过程中政府、市场、社会的合作关系，而公益性文化事业更多地靠政府直接生产和提供。在对公共服务的供给效能提升方面，对供给主体困境及其化解路径的探讨方面，黄波（2018）提出有利于确保多元主体到位并承担公共文化服务的供给职责，促进多元供给主体形成合力，进而提高公共文化服务的供给能力，提升供给效能。陈振明

（2011）等认为，一般可以通过平等、效率和质量三个综合性的标准来评判公共服务的有效供给。

谭岑（2010）认为，对于公共服务的研究基本上是围绕三个问题展开的：一是提供什么，二是提供多少，三是如何提供。政府与市场的功能问题是一个古老的话题，也是一个永恒的话题。从历史上看，政府与市场此消彼长，每逢社会变动，二者之间的关系都会随之调整，同时也会引发激烈的讨论。一般来说，回答“提供什么”的问题存在两条基本思路：一是从“市场不能做什么”出发，让政府来拾遗补缺，这一思路在政府与市场的关系中占据了主流，从亚当·斯密的“守夜人”到以市场失灵理论为基础的宏观经济学和福利经济学，再到近几十年人们对政府过度干预经济的审视等，都是以市场为出发点，进而规划政府所提供的公共服务的范畴；二是从“政府能够做什么”出发规划公共服务的范畴，最典型的是传统社会主义学说，从国家是阶级统治的工具出发，认为社会主义政府代表广大劳动人民的利益，具有为民众服务的神圣使命，实行生产资料公有制，进而出现全能政府，公共服务自然无所不包。张敏（2018）挖掘了政府公共服务标准化建设的问题及不足，并在此基础上提出相关的对策和建议。

马庆钰（2005）认为，公共服务有三种含义。第一种含义：国家是公共服务型国家，其所作所为都是提供公共服务；第二种含义：政府是公共服务型政府，其所作所为都是提供公共服务；第三种含义：公共服务是政府的主要职能之一，有其具体的内容和形式，并且可与政府的其他职能相区分。

高月兰（2005）认为，迄今为止，对于公共服务的研究基本上是围绕三个问题展开的：一是提供什么，二是提供多少，三是如何提供。其中，“提供什么”的问题涉及公共物品的定义和界定；“提供多少”的问题涉及如何达到公共物品和服务的供求平衡，从而实现帕累托最优。

2004 年，温家宝总理在十届全国人大二次会议上提出，要把政府办成一个服务型的政府。党的十六届六中全会第一次对建设服务型政府作出了明确要求，指出要加强社会管理和公共服务职能。服务型政府应是民主参与的政府，服务是其核心和基础，一切从公众的基本需求和利益出发，并为公众参与提供各种信息和渠道，全心全意为公众服务是服务型政府的根本体现。

斯基亚沃·坎波（2001）等认为，政府公共服务是政府满足社会公共需要、提供公共产品的服务行为的总称，它是由以政府机关为主的公共服务部门生产的，供全社会所有公民共同消费、所有消费者平等享受的社会产品。公共产品和公共服务指为整个社会共同消费的产品和服务。政府公共服务的分类方法很多，但从公共服务的发展过程、理论基础、实际运行的过程来讲，比较实用的分类方法是将政府公共服务分为维护性公共服务、经济型公共服务和社会性公共服务三种。①维护性公共服务。它是保证国家机器的存在和运作的公共服务，如政府的一般行政管理、法律与司法、国防等。②经济型公共服务。它是指政府促进经济发展的公共服务，通常是生产性的，如政府对公共项目和国有企业的股本投资、对产业活动提供的价格补贴、应用性研究资金投入、政府对固定资产的投资等。③社会性公共服务。它是政府提供的社会性服务，如文化交易、社会保障和福利性收入转移支付等。社会性公共服务具有公民权利的性质，并具备较强烈的再分配功能，对平等目标的关注在社会性支出的分配中居于重要地位。

张璋（2000）认为，西方对于公共服务的评价原则是以民为本，以公众为主体，以调查为主要方法，以服务质量为核心。加里·海尔

（2003）等认为，公共服务的评价指标设计应从以下两方面入手：一是遵循4E原则，即效率（efficiency）、效益（effectiveness）、公平（equity）及经济（economy），使目标明确化、具体化；二是指标的设计要体现出“以人为本和科学发展”，加强民主参与机制。褚添有（2004）认为，公共服务的评价指标设计要考虑全面，要因地制宜地设计评价指标体系，还应加强评价的管理，使其制度化、法制化。畅婷婷（2017）认为政府购买公共服务在现实中存在较多法律困境暴露了这一制度运行中的弊端，如基本问题界定不清、购买方式不明确、购买合同不规范、监督评估程序不完善等。因此，我国亟须从法律的角度对政府购买公共服务的内容进行详细明确，完善制度保障。

盖伊·彼得斯（2001）认为，从公共服务发展的类型可以看出，英国和美国是政府规制型，欧洲其他国家是政府引导型，东亚为政府主导型。在中国的现实问题上，裴欣如、张崇康（2017）认为，由于我国公共服务外包实践起步较晚，而原先我国的公共服务提供都依赖政府，所以私营部门对于公共服务领域较少涉及，这是导致现今公共服务外包实践中外包承包商缺乏的主要原因。

米兰达和勒纳（R. Miranda 和 A. Lerner，1995）认为，公共服务是21世纪公共行政和政府改革的核心理念，其本质是可以为全体公民提供社会保障、义务教育、公共卫生等公共服务，为公众参与社会经济、政治、文化活动等提供保障。

二、国际上主要的公共服务评价指标体系

吴新年（2005）对奇尔德斯—凡郝斯指标体系的研究表明，该体系是采用因子分析对所有公共指标进行范畴划分，重点可分为八大因素（见表2-1）。

表2-1　　奇尔德斯—凡郝斯公共服务评价指标体系

输入输出	输入是否能够得到持续和有质量的供应，所有的输入是否都转换为相对应的输出
内部过程	内部的自动化水平是否先进
社区服务与关系	对所处社区是否能提供适应其需求的服务
资料获取	资料的获取是否易得
物理设施	设施是否符合相关政策标准
管理	设施的管理是否能维持并指导其发展
服务	设施提供的服务是否满足外部需求
对特殊群体的服务	对特殊群体的需求能否提供针对性服务

卡尔弗特和丘伦（1994）在实例评价中对奇尔德斯—凡郝斯指标体系进行了检验和修正。他们增加了一些新的指标，并将修正后的指标体系分两个阶段在不同的评估者（政府官员和用户）中进行了测试。他们从研究中发现每组数据产生的因素与奇尔德斯—凡郝斯的最初因素不完全相同，但一些基本的因素却在所有的因子分析中保持相对稳定，于是最终提出了一个更完善的评价指标体系（见表2-2）。

表2-2　　卡尔弗特和丘伦公共服务评价指标体系

输入输出类指标	人均年度经费
	人员保持率
	利用率
管理类指标	长期计划制订过程的质量
	短期计划制订过程的质量
	对计划实施情况进行检查的经常性
	设施决策者的领导能力
	设施对外界变化的反应能力
	对设施及设备进行评价的经常性
	对设施硬件指标进行评价的经常性
	设施完成长期规划目标的程度
	设施完成年度工作计划的程度

续表

管理类指标	设施成文政策的多少
	设施成文政策的质量
	设施内政策向公众公开的程度
	设施目标与公众需求的匹配程度
	公众参与设施决策的程度
	工作人员的精神面貌
	工作人员培训项目的多少
	工作人员培训项目的质量
	领导采用新计算机系统的自愿程度
物理环境类指标	设施建筑的美观性
	建筑设计适用于设施服务的程度
	建筑物的易进入性
	建筑物外观的可识别性
	设施内指示与导引标志的多少
	设施地理位置的方便性
服务范围与深度类指标	网上提供国内数据库的程度
	网上提供国外数据库的程度
	设施运营时间与本地需求的匹配程度
	为本地领导提供服务的水平
	为专业人员提供服务的水平
	为企业用户提供服务的水平
	设施活动载体的多样性
	对国内其他同类型设施的了解程度
	设施内物品的质量
	对用户需求进行调研的经常性
	为社会各界提供会议/活动场所的经常性
用户使用率/满意度指标	公众对设施服务的了解程度
可获取性服务类指标	设施业务自动化程度
	卡片目录/机读目录放置位置的方便性
	机读目录的易用性
	回答电话咨询的经常性

续表

参考咨询类指标	设施提供的咨询服务的深度
	参考咨询人员的水平
用户关爱类指标	赔偿制度及其他规章的灵活性
	无偿服务在设施中所有服务的比例
	工作人员的服务态度
关系类指标	设施管理者与上级领导业务联系的经常性

三、公共服务满意度的理论基础

（一）新公共管理理论

新公共管理理论产生于20世纪70年代，在以英国、美国等为首的西方国家实行的一系列政府改革中得以发展和完善。该理论强调以顾客为中心，引入企业管理中的理念、方法和技术对政府进行重塑和改革。在传统的公共行政模式下，政府一直是发号施令的官僚机构，公民是被管理的对象。新公共管理的出现彻底改变了传统的行政模式，它认为政府是“企业家”，而公民是“顾客”，政府要像“企业家”一样，奉行顾客至上的原则，向公民提供优质高效的公共服务。政府要以顾客的需求为目标导向，打造“受顾客驱使的政府”，聆听顾客的呼声，要以满足顾客的需要为第一要务，而不是满足官僚政治的需要。在提供公共服务的过程中，政府要注重换位思考，通过顾客的参与和介入，保证公共服务的提供机制符合顾客的需求和偏好，并能产出优质高效、公平公正的公共服务。

新公共管理理论的突出代表人物主要有胡德（Hood）、奥斯本（Osborne）、格布勒（Gaebler）、巴泽雷（Michael Barzelay）等。奥斯本和格布勒（1991）主张政府应汲取企业或其他私营组织的一些优秀的管理手段，以满足顾客需求为导向，通过引入竞争机制提高效率。胡德（1991）认为，应当更加重视私营部门高效的管理方式，合理有效地利用资源，以顾客或市场为驱动，在明确政府绩效的目标和标准的前提下进一步提高服务质量。格里尔（Greer，1994）认为，新公共管理的内涵应该主要包括公共服务的组织分散化与单独供给、公共管理人员的激励机制与任期管理、注重产出与绩效的结果控制以及明确责任、降低成本管理等方面。经济合作与发展组织（OECD）将新公共管理的内涵概括为发展竞争机制和选择淘汰机制，优化信息技术的支持作用，改变集权式的中央权威控制指导功能，增加管理的灵活性，改善质量管理，加强责任管理，确保达到高水平的服务绩效（容志，2014）。加森和奥弗曼（Garson 和 Offerman，1985）将新公共管理概括为"公共行政一般方面的跨学科研究，是人力、物力、财力、信息以及政治资源管理等计划、组织和控制职能的综合"，并将公共行政的实质内涵概括为 PAFHRIER，即包括政策分析（PA）、财务管理（F）、人力资源管理（HR）、信息管理（I）和对外关系（ER）等。

近年来，学者在相关方面也做了一些研究和探索，主要是将新公共管理理论概括为以下几个方面：新公共管理提出的政府管理理念是一个多元的集合；新公共管理理论表现为政府"掌舵"而不是"划桨"；新公共管理理论在政府管理的价值选择上包括市场主导、服务理念、顾客至上、结果为主、民主参与、任务导向、社会导向等；新公共管理理论在政府管理的机制方面包括民营化与竞争机制的引入、公共服务设计和提供中的公民参与、结果控制而非过程控制、以人为本和以共识为基础的契约式管理等；在政府改革战略方面，包括核心战略、结果战略、控制战略、顾客战略以及文化战略等（Hildegard，2012）。

（二）顾客满意度理论

顾客满意度理论的起源最早可以追溯到19世纪。早在1802年，英国学者边沁（Bentham）就提出了用户满意的问题；到了20世纪80年代，顾客满意度理论在美国正式提出并迅速得到了广泛的应用。美国密歇根大学商学院质量研究中心费耐尔（Fornell）博士构建了一个由顾客期望、购买后的感知、购买价格等因素组成的计量经济学模型，即费耐尔模型。该模型运用偏微分最小二次方求解所得出的指数，就是顾客满意度指数（Customer Satisfaction Index，CSI）。随后，瑞典、美国、德国、加拿大等国家先后建立了CSI，用于测量顾客满意水平。测量顾客满意度最常见的方法就是建立顾客满意度指数，通过构建一套完整的指标体系，在顾客中采用抽样调查的方法，将顾客满意水平进行量化，用数据来衡量顾客的满意程度，从而考察和评价某项特定的产品或服务的质量。自新公共管理运动开展和兴起以来，西方国家越来越多地把CSI引入政府绩效考核，用于衡量公共服务的供给水平。

（三）新公共服务理论

新公共服务理论是对新公共管理理论的反思和批判，其代表人物登哈特夫妇在《新公共服务理论》一书中提出了7个标准：服务而非掌舵；公共利益是目标而非副产品；战略地思考，民主地行动；服务于公民而不是顾客；责任并不是单一的；重视人而不只是生产率；超越企业家身份，重视公民权和公共事务。这7个标准为新公共服务提供了一套具有指导意义的理念和价值取向。作为一种新的政府管理模式，新公共服务理论是对传统的公共行政、新公共管理理论的进一步补充和完善，重视公民权，强调公共利益，重塑行政理念，建立了一套全新的行政理论体系。它强调要将公民置于首位，了解公民需要什么、关心什么，并对他们的需求作出回应。政府的职能是服务，而不是掌控和管制，政府要通过对话、协商和合作的形式，让公民都能参与其中，努力构建一个有责任的、有回应性的公共机构，最终实现社会的公共利益 。

新公共服务理论是新公共管理理论的传承和完善，其核心观点和主要内容体现在以下几个方面。

（1）服务于公民而非顾客。新公共服务理论承认与政府互动的并不简单地是顾客，而是公民。提高服务质量的首要前提是认识顾客与公民的差异（Nelissen 等，1999）。

（2）追求公共利益。新公共服务理论强调要创建共同的利益和责任，而不是由某一个个体来进行选择和解决问题（John 等，2003）。

（3）超越企业家身份，重视公民身份。新公共管理理论改革的主导理论就是提出企业家政府管理理念。但是，引入企业家政府管理理念的直接结果就是削弱了程序控制过程，凡事追求效果第一，这对于政府管理存在着根本性的误解。这主要是因为具有企业家精神的管理者往往倾向于将公共资金看做个人的财产，从而忽略公共利益。新公共服务理论更加重视公民身份，认为公民权和公共服务比企业家精神更加重要，并为公民参与政府公共事业提供了新的途径，重视公民参与的过程管理。

（4）战略地思考，民主地行动。新公共服务理论认为，只有通过全社会的协作和共同努力才能使满足公众诉求的建议和措施得到最为有效的贯彻和落实（King 和 Camilla，1998）。新公共服务理论强调政府职能的核心内容就是为公民提供公共服务，使公民权、公共利益成为民主治理的核心（Vinzant 和 Janet，2008）。

（四）对公共服务的绩效评估

哈里（Harry，1996）认为，绩效评估的最终目的就是更好地提高公共服务的质量。辛克和塔特尔（Sink 和 Tuttle，2003）认为，不会绩效评价就不能正确地管理。因此，政府绩效评估作为一项有用的管理工具，应在公共行政中受到广泛关注。开始于 20 世纪初的效率革命是美国政府组织绩效评估的雏形，这一时期的绩效评估坚持以“效率”为其核心的价值追求（Eva 和 Witesman，2010），其后从单纯的以“效率”为中心发展到对经济、效率以及效益等多重目标的共同追求（Frank 和 Kwaku，2010）。到了 20 世纪 90 年代，政府绩效评估更加规范化、系统化，人们不断探索科学的绩效评价体系，并将政府绩效评估纳入法制化轨道（Prieto 和 Cordel，2001）。

2000 年，英国政府再一次对政府的绩效评估进行梳理，并形成了一套包含 192 个具体指标的综合评估指标体系。所有这些政策的出台都保证了政府绩效评估的积极开展。随着绩效评估实践的不断发展以及取得的效果，其形式和内容也发生了根本性的变化，评估的内容也得到了完善，从最初的以单纯的生存率为主过渡到以经济和效率为主，最后到提高服务质量，满足公民的满意度，最大限度地提高政府效能，内容得到不断丰富和深化（Silvestre，2001）。公共文化服务绩效评估是政府绩效评估的重要组成部分，西方各个国家在进行政府绩效评估的同时也开展了这项工作。美国主要通过设立政府代理机构来统管全国文化事业部门，如人文基金会、博物馆图书馆学会以及艺术基金会等。政府鼓励公共文化机构根据具体情况设立绩效底线、预期目标、牵引目标以及高层目标四个不同层次的绩效目标（Heinrich 和 Founier，2004）。

随着我国经济的快速发展，政府管理体制改革越来越受到政府的重视。在借鉴和引进国际上先进的管理技术、管理手段和管理方法的同时，我国的政府管理体制从观念、职能、组织结构以及行为方式等方面进行了相应的改革，努力提高政府的效能，使政府绩效评估逐步走上了实践舞台（盛明科，2009）。进入21世纪后，随着我国政府管理理念的变化，政府的治理模式也随之改变，绩效评估作为政府的一项重要的行政职能也开始发生一些质的变化（范永茂，2012）。首先，绩效评估从原有的管理机制和管理手段中分离出来，成为独立的政府职能，并受到越来越多的重视；其次，绩效评估的功能也从原有的简单测量和激励作用转变成政府深化行政改革、提升公共服务质量、提高政府效能的重要工具，并发挥着导向和促进功能；最后，绩效评估的内容也得到进一步的扩展，从原有的经济领域向社会职能和公共服务等方面延伸和拓展。

此外，一些第三方机构也纷纷参与到政府绩效评估的研究中，如兰州大学的地方政府绩效评价中心对评估政府活动以及公众参与政府进行了研究和评价。各地不断涌现各种形式的评估活动，如珠海市的“万人评政府”、江苏省的万人评议省级机关作风活动等，表明我国的政府绩效评估初具雏形。虽然近年来我国在政府绩效评估方面进行了一些有益的探索和尝试，但总的来说，绩效评估还不够完善，评估方式基本还是自上而下的评估，科学的绩效评估机制和体制还不健全，评估手段、评估方式以及评价指标体系等还有待进一步丰富和完善。

刘娟（2007）等对北京市公共服务满意度的调查包括义务教育、行政管理、医疗卫生、社会保障、市政建设（主要是交通、邮电和通信）、文化娱乐和公共安全七个方面。张会萍（2011）等的调查包含了公共安全、公共交通、公共事业、医疗卫生、社会保障、基础教育、就业服务和环卫治理八个不同领域的内容。何华兵（2012）通过调查的方式对广东省的基本公共服务满意度进行了研究，具体包括公共教育、公共卫生、公共文化教育、公共交通、生活保障（含养老保险、最低生活保障、五保）、住房保障、就业保障、医疗保障八项。纪江明（2013）基于2012年连氏“中国城市公共服务质量调查”所调查的项目包括公共教育、医疗卫生、住房与社会保障、公共安全、基础设施、文体设施、环境保护、公共交通八项和老百姓生活息息相关的公共服务。陈世香等（2014）所采用的CGSS 2011包括医疗卫生服务，提供社会保障，提供义务教育，保护环境、治理污染，打击犯罪、维护社会治安，为中低收入者提供廉租房和经济适用房，扩大就业、增加就业机会七个方面。中国城市基本公共服务力评价课题组的调查范围包括公共交通、公共安全、公共住房、基础教育、社保就业、医疗卫生、城市环境、文化体育和公职服务。王伟同等（2016）对教育、医疗、住房、就业、社会保障五个方面的基本公共服务满意度进行了研究。

四、科普公共服务供给体系

科普是一项重要的公共产品。公共产品的供给问题，一直都是国外公共行政管理事务所研究的重要内容之一，其中较有影响的分别是政府供给论、市场供给观点和部门供给观点。1960年约翰·洛克在其《政府论两篇》中提出，政府是主要的公共服务提供者；亚当·斯密在《国富论》中认为提供国防安全、维护司法公正、建设并维持某些公共事业及公共设施是政府要提供的三项服务。在现代经济学中，保罗·萨缪尔森开创性地提出了公共产品理论，他在其论文“公共支出的纯理论”中给出了公共产品的定义：在消费上具有非竞争性和非排他性的产品即为公共产品。

对于科普供给，国内专家学者众说纷纭，部分观点认为科普供给即科普产品，即由科普创作人员或科学家兼职创作出来的科普影视作品。这种观念忽略了科普供给的生成来源，不足以建立一个全体系的、用于指导科普事业合理利用政府投入和产业化、推动良性发展的模型体系。

事实上，科普供给如何达到科普需求，其中经历了资金投入、基础设施发挥作用、科普人才支撑、科普媒介传播等多个过程，受到多种因素共同影响，最终才能实现科普供给。

本书认为，科普供给最终表现在三个主要方面：一是科学文化氛围，这里主要是指科学精神在社会上的广泛传播，科学思想成为广大人民群众生产、生活，参与公共事务的主要行动依据；二是由各类社会团体、企事业单位提供的科普服务，主要包括静态的科技场馆、科技展板等展示性科普传播和科技周、科技展览等大型科普活动及创新创业培训等；三是科普文化作品的广泛传播，如科普影视作品、科普读物等以及新媒体环境下的科普短视频、科普自媒体文章等。这三类作为科普供给产品，共同服务科普需求（见图2－1）。

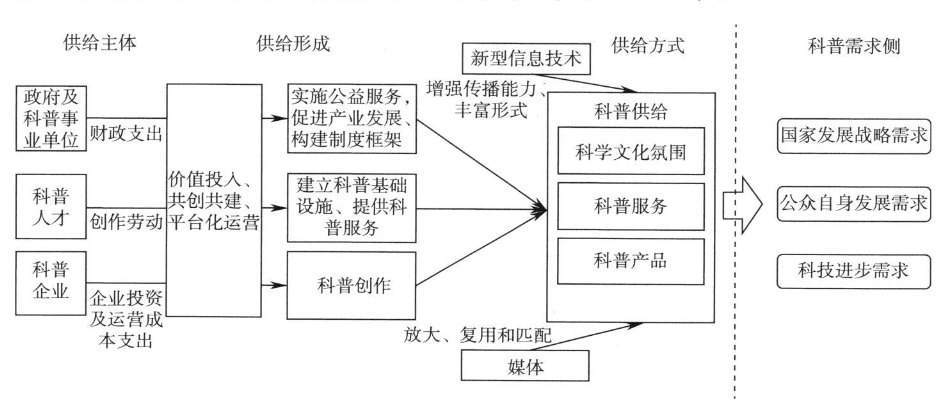

图2－1　科普公共服务供给体系

（一）科普供给主体

1. 政府部门

政府部门通过法律法规建设、直接财政投入两种方式提供科普供给，在科普供给中发挥着不可替代的作用。新中国成立以后，国家科普事业始终坚持为国民经济建设和人民生活服务的宗旨，经历了政府推动、社会推动，政府推动、社会参与相结合三个发展阶段（见表2-3）。

表2-3　中国现代科普体制的三个发展阶段

1958年以前	政府推动	1949年成立文化部科学普及局
1958—2006年	社会推动	1958年成立中国科协，内设科普部
2006年至今	政府推动、社会参与相结合	2006年科学素质纲要颁布并实施，23个部门组织实施工作办公室

新中国成立之初，人口中文盲比例较高，国家经济处于一穷二白的境地，国民科学素质极低，当时的科普工作主要围绕国家工业化和农业合作化的基本知识展开。科普工作的目的是提高公众的基本科学常识，提高公众的生产、生活能力。1958—2006年，科普工作大部分以运动的形式开展，如农村科学实验运动、技术上门以及防治传染病的政治性动员。改革开放之后，中国科普工作迅速恢复，国家经济和科学事业的全科普逐渐走向群众化、社会化、常态化和法制化。随着中国科普事业的不断发展，科技场馆、科学展览场地逐步建设起来，科技传播能力逐步提升，科普期刊、电视节目增多，科普供给能力快速提升。

2. 科学家和科研机构

有些科学知识对公众和社会而言是至关重要的。科学家有义务在推出一种技术后，告知公众其潜在的危害性，以防止人们遭受不良的后果。传播科学技术的正面知识和反面知识、认真做好科学普及是科学家的社会责任和义务之一。

科学的专业化增加了公众理解科学知识的难度，公众离科学知识越来越遥远。目前，科学家和公众之间的交流越来越难，公众对科学知识和科学精神缺乏正确的理解，给伪科学、封建迷信提供了可乘之机。许多伟大的科学家已经认识到了科学界与大众割裂的危害。例如，拉比（I. Rabi，1994）提出“如果我们不在全社会努力开展科学普及工作，科学家不与大众广为接触，则科学精神与传统不仅不能被大众所理解，而且也不可能被所谓公共事务的‘有教养’的人们所领会。由此，必然会形成横亘在科学家与非科学家心灵沟通之路上的最大障碍，同公众交流困难，非科学家无法以愉快的心情和理解力听懂科学家的心声”。

人类获得科学知识的需要是与生俱来的，向公众普及科学知识理应成为科学工作者的责任和义务。科学工作者，尤其是自然科学工作者，对公众进行科学引导、撰写各自领域的科普书籍是义不容辞的责任与义务。中国著名科学家钱学森曾经说过：“人民给了我们科学知识，作为一个科学家，有责任再把科学知识还给人民，这是我们义不容辞的社会义务。”科普作为公益性很强的活动，必须让其成为所有科学工作者的责任和义务，这样才能提高科普工作的地位，发挥科普工作应有的作用，推动社会进步和发展。加强科学与大众、科学家与大众的交流在当前社会显得尤为重要。让公众相信科学，远离盲从、伪科学、反智思潮和封建迷信，是科学家群体不可推卸的责任和义务。

科研机构开展科普工作是高端科研资源科普化的一种重要形式。

例如，2017 年北京市的大学、科研机构向社会开放了 569 个。中国科学院实施高端科研资源科普化计划，中科院下辖植物园、博物馆、实验室、大科学装置等定期向公众开放，年接待社会公众百万人次。以北京大学、清华大学为代表的高校科普基地年均受益人数超过 20 万人次。科技企业孵化器、大学科学园、留学人员创业团等开放创业孵化平台，提升科普服务能力和业务交互能力，促进高端科普资源向社会共享。在这些高端资源科普化的过程中，广大普通民众和各类具有专长的社会人士、企业人士在这里聚集，在完成科学向一般大众普及的过程中，进一步产生了新的交叉性科学知识和科学成果，通过不同主体之间的互动，形成了共生共赢的创新创业体系。

3. 科普产业

从严格意义上讲，科普产业应该是一种社会公益事业和产业的组合形式，是伴随着社会经济的发展，依照市场机制和形势需求形成的特殊产业。按照《国民经济行业分类》的产业划分，依据科普产业所涉及的内容和辐射的领域，从狭义上讲，科普旅游、科普推广、科普研究等方面的科普产业应该归类于第三产业的“教育文化、广播电视、科学研究、体育卫生和社会福利事业”；从广义上讲，应该还包括为推动科普事业发展而涉及的相关科普制造产业，即应该有一部分属于第二产业。

在传播较为广泛的科普产业理论中，任福君（2011）认为科普产业是以一定文化基础的科普内容和科普服务为核心产品，由科普产品的创造、生产、传播、消费四个环节组成，为社会传播科普知识、科普思想、科普精神和科学方法，并创造财富、提供就业机会、促进公民科学素质提升的产业。劳汉生（2005）从产业功能的角度出发，认为科普产业是科普的经济化形态和文化产业的一个组成部分，是为满足社会的科普文化需求而产生的一种产业。本书认为科普产业具有以下四个属性。

（1）国家意志属性。科普产业的主要推动者是政府，服务宗旨应该是有效提高公民的科学文化素质。因此，科普产业具有较为明显的政策导向性和时代发展特征。当前，我国社会处于发展的重要战略机遇期，经济发展模式正在转换，增长新动能尚在培育和壮大中，深层次体制改革和全方位开放处于加速转型期，面对经济发展新常态和社会发展新形势，坚持和完善党的领导是党和国家的根本所在，坚持党的领导，科普事业才能够得以有序发展。

科普产业化发展对于推动创新驱动发展战略具有重要意义，更有助于满足人们日益增长的物质文化需求。尽管科普产业需要通过市场机制实现自身价值，但是坚持政治属性，有利于明确政府和市场在科普产业发展中的地位，把握正确的政治导向、引导主流意识。

（2）公共服务属性。科普产业是为推动科普事业发展而兴起的，担负着提高公民科学素质的重任，具有较强的正面社会效应，表现出一定的公益性。与此同时，科普产业要通过市场发挥作用，要产生必要的经济效应，也就表现出一定的经营性。因此，科普产业的社会属性主要表现在公益性和经营性两方面。

科普产业的公益性主要体现在其服务价值上。科普活动旨在提高公民的科学文化水平，最终目的在于满足人民生产和生活的需求，提升其物质生活质量和精神文化追求。政府提供公共服务，通过社会引导和科普推广，使科普产业能够有序地进行。伴随着网络时代的到来，科普产业的服务性体现得更加明显和重要。微信、微博等新兴媒体平台，为科普产业的发展提供了更多的便利性。通过新兴平台，科普产业可以更加便捷地为公众提供科普服务，提高了工作效率。

科普产业的经营性在《国家科学技术普及“十二五”专项规划》中就已经明确了，要鼓励兴办科普产业，鼓励经营性科普产业发展，扶持一批具有较强实力和较大规模的科普展览、设计制作公司。也就是说，科普产业应该充分利用市场对资源的配置作用，充分发挥企业的自主性和管理运作能力，发展科普旅游、科普影视、科普图书等产业，使企业成为科普投入的重要主体。

（3）文化建设属性。科普产业是围绕“科普”开展的相关活动。公民具备基本科学素质是指了解必要的科学技术知识、掌握基本的科学方法、树立科学思想、崇尚科学精神，并具有一定的应用科学处理实际问题、参与公共事务的能力，即所谓的“四科两能力”。科普产业应该始终以文化打造服务品牌，以提高公民科学素质为宗旨，向公众提供必要的科学知识。科普产业更多的是与文化传播相关的产业，从科普内容到科普传播都应该体现文化元素，体现文化价值。

（4）经济属性。既然称为“科普产业”，势必带有部分经济属性，具有一般经济活动的属性和特点。尽管科普工作的公益性质较为浓厚，但是作为一种新兴产业，科普产业也会以其独特的知识性和文化性，发挥促进就业、增加国民财富的功能，可能成为经济新常态下的新增长点，为社会创造经济财富，为社会提供就业岗位。

科普产业是一个融合多业态存在的集成产业，在市场资源配置中具有一定的经济优化价值。除了可以创造本身的经济价值外，最主要的还是它的公益性质。科普产业的经济属性只是为了满足国家和社会对科普事业的需求，向科普消费者提供科普产品或者科普服务。

（二）科普供给实现方式

科普供给的实现要经历从公众需求、政府需要，到科普产品、服务的设计、开发，再到提高国民科学素质、提高社会生产力、提高综合国力这样一个供给过程（见图2－2）。

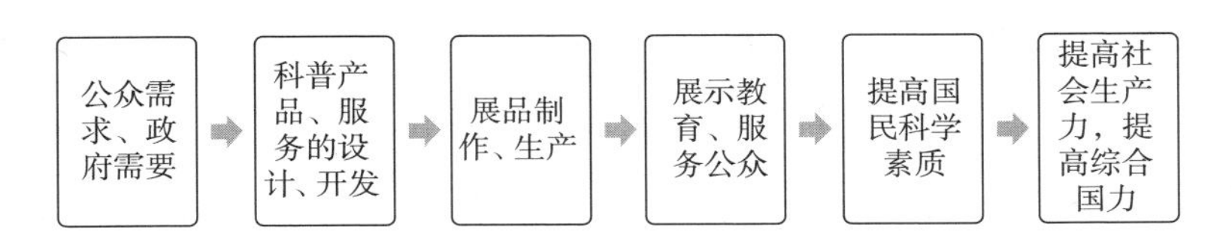

图2－2　科普供给生成机制

从科普资金的价值转移形式来看，因公众需求和国家、民族强盛的需要，政府以公共财政为主投入一部分资金，用于科学技术普及，从而形成市场需求，引导一部分市场资金流向科普教育产品或信息的开发和生产。政府通过科技馆等科普教育机构向开发生产企业购买科普产品提供给公众，公众从科技馆低成本甚至于零成本获取科普信息服务，提高自身的科学素质，进而促进社会生产力的提高，在社会经济总量的增长过程中发挥作用。政府则在国民经济总量增长中通过税收等方式超额收回当初投入科普的资金。

1. 以科普基础设施为依托提供科普供给

科技馆、科技博物馆、科普基地等科普基础设施在科普供给体系中处于“展示教育、活动组织、交流碰撞、服务公众”的环节。科普基础设施从科普展品开发制作商那里购买科普产品，通过展览、培训、实验、影视播放、报告讲座等多种形式为公众服务。

科普场馆包括科技馆（以科技馆、科学中心、科学宫等命名的，以展示教育为主，传播、普及科学的科普场馆）、科学技术类博物馆（包括科技类博物馆、天文馆、水族馆、标本馆及设有自然科学部的综合博物馆等）和青少年科技馆等。

科普场馆主要通过以下三种方式实现科普供给。

（1）陈列展示科学成果。科普场馆不仅为公众提供参观科普展品的场所，其举办的各种科普活动也吸引了大量的公众，特别是青少年。全家人假期到科技馆游览已经成为一种常态。笔者多次到过上海科技馆、广东科学中心和中国科技馆，每次都能看到许多在开心地参观和玩乐的学生。由于具有互动体验的特点，科普场馆最受孩子们的喜爱，假期同父母一起去科普场馆对孩子来说是最开心的事。

（2）举办科普活动。科普场馆在周末和假期吸引了大批的参观者，政府部门、机构和协会的科普活动也经常集中在科普场馆举办，增强了科普场馆的吸引力。特别是每逢科技活动周、科普日、重大科技节日等，各类活动集中亮相，丰富和充实了科普场馆的展项，弥补了科普场馆高新技术展项不足的短板。

（3）成为科学交流重要平台。科普场馆聚集了大批参观者，各种活动的举办为参观者提供了与科学家交流的机会和平台。特别是中小学生可以在玩中激发学习的动力，对科学产生兴趣。

科技馆是以展览教育为主要功能的科学教育机构，通过参与、体验、互动性的展品及辅助性展示手段，以激发科学兴趣、启迪科学观念为目的，对公众进行科学教育。科普场馆是科学普及的重要平台，是公众接触、了解、学习科学知识，参与科学技术活动的最好场所。科学技术类博物馆最早出现在欧洲，是从自然博物馆、工业技术博物馆发展而来的。发达国家十分重视科学技术类博物馆的建设，目前世界上有一批知名的科学技术类博物馆。世界上最早的博物馆是前 290 年建立的亚历山大博物馆（缪斯神庙），这里陈列了关于天文、医学、文化艺术等学科的藏品。牛津大学 1683 年建立的阿什莫林博物馆是世界上较早的博物馆，博物馆的英文名字来源于希腊语，本身含有“学习”的意思。自然类博物馆以自然科学为基础，因而具有显著的科学教育功能。“科技类博物馆里常常见到的拥挤的人群、兴奋的表情和此起彼伏的嘈杂声证明了提要型科学探究的受欢迎程度，也体现了科技类博物馆科学传播的直观性、临场感、可触摸操作的优势。”（聂海林，2016）

据《中国科普统计》记载，截至2015年底，中国共有建筑面积超过500平方米的科普场馆（含科技馆、科学技术类博物馆，由于青少年科技中心参差不齐，故本文不涉及）1 258个，其中科技馆444个、科学技术博物馆814个，分别比2010年增加了109个和264个；平均108万人拥有一个科普场馆；中国每个省平均拥有11.7个科技馆，拥有科技馆数量最多的是湖北省，有60个，福建省有35个，广东有34个，上海市有32个。面积最大的科技馆为广东科学中心，为14万平方米；辽宁科技馆建筑面积为10.3万平方米，中国科技馆建筑面积为10.2万平方米，上海科技馆建筑面积为9.8万平方米。

2. 科普传媒资源对供给能力的放大作用

关于传播能力的定义有多种，但传播学者帕克斯的研究发现，传播能力的不同定义之间具有很大的共性。

（1）控制。传播的基本功能是对身体和社会环境的控制。

（2）适当。传播行为要考虑到环境变化的因素，或根据他人对你的态度采取不同的回应，社会情境的变化要求人们能灵活应对。

（3）合作。传播是人们对相互的行为作出的回应。人们在判断传播能力时，总是要和他人捆绑在一起，没有他人做比照、做合作的对象，一个人无法独自表现自己的传播能力。因此，传播能力必须以合作为目的。

我国学者张名章、李云雯认为，传播能力是指由一定的行为主体借助自身活动、人际交流和大众媒介等渠道，将信息通过各种符号化的形式与客体进行互动和传递，并能产生一定效果的素质和行为。国内学者刘建明认为："传播能力简称传播力，包括传播的信息量、传播速度、信息的覆盖范围及影响效果，影响效果是媒介传播力的主要表征，技术手段是传播力的决定性因素。"

由于目前学术界对"科普传播能力"的概念还没有明确的定义，笔者根据上述概念对"科普基地传播能力"进行了界定：科普基地传播能力是指科普基地在现有的科普资源供应、科普人员配置、科普组织功能、科普基础设施和科普制度环境条件下，通过开放运行、活动开展、合作交流和媒介宣传等传播渠道，将科学信息通过各种符号化的形式与受众进行互动和传递，并在一定范围内产生效果和影响的素质和行为。

3. 科普文化的浸润式供给

科学普及是科技创新成果向生产力转化的催化剂。弘扬科学的思辨精神，提高公职人员、企业家和普通劳动者科学生活及科学劳动的基本知识，加快公民对基本科学知识和前沿技术的掌握，有利于将创新成果向生产力转化。政府应营造良好的科学文化和科学氛围，以一种"润物细无声"的方式，不断启迪青年科研人员和学生投入科研事业，促进学科间交流，加快科学技术在地区间的传播与扩散，引导社会各类资本投入全国科技创新的科学研究和技术革新中来，从而促进全国科技创新中心各项政策规划落地实施。

（三）科普供给的制度框架

科普政策法规为科普工作顺利开展提供了重要依据，有效提升了公民的科学文化素质。建立健全科普政策法规是推进科普工作的现实需要，也是依法治国理念的必然要求。

科普制度建设是政府推动科普发展的一个重要措施。我国《宪法》第十九条、第二十条、第二十二条不仅明确规定了国家有发展科学事业的义务，同时还规定了国家有发展公民科学素质的义务①。这些规定不仅为公民科学素质建设法律体系的建立、健全奠定了合法性基础及宪法保障基础，也为公民科学素质建设提供了基本指导思想、立法依据和最根本的法律保障。

此外，中共中央、国务院也发布实施了一些与科普相关的重大政策。为了使科普工作有计划、有重点地组织、部署、实施，国家有关部门曾在1996年、1999年和2002年召开了三次全国科学技术普及工作会议；且特意提出加快科普立法步伐，使科普工作法制化、制度化②；科技部、中宣部、中科协、教育部等9部门还印发了科学技术普及工作纲要③；科技部、教育部、中宣部、中科协和团中央联合发布了青少年科学技术普及活动指导纲要④；国务院为了在全国范围内展开群众性科学技术活动，还将每年5月的第三周定为“科技活动周”⑤；此外，还出台了其他一系列动员社会和促进科普工作的科普文件，如

---

① 《宪法》第十九条规定：“国家发展社会主义的教育事业，提高全国人民的科学文化水平。国家举办各种学校，普及初等义务教育，发展中等教育、职业教育和高等教育，并且发展学前教育。国家发展各种教育设施，扫除文盲，对工人、农民、国家工作人员和其他劳动者进行政治、文化、科学、技术、业务的教育，鼓励自学成才。国家鼓励集体经济组织、国家企业事业组织和其他社会力量依照法律规定举办各种教育事业。”第二十条规定：“国家发展自然科学和社会科学事业，普及科学和技术知识，奖励科学研究成果和技术发明创造。”《宪法》第二十二条还规定了国家发展文化事业的义务，规定“国家发展为人民服务、为社会主义服务的文学艺术事业、新闻广播电视事业、出版发行事业、图书馆博物馆文化馆和其他文化事业，开展群众性的文化活动。国家保护名胜古迹、珍贵文物和其他重要历史文化遗产”。

② 1994年的《中共中央　国务院关于加强科学技术普及工作的若干意见》（中发〔1994〕11号）提出：“加快科普工作立法的步伐，使科普工作尽快走上法制化、制度化的轨道。”

③ 1999年12月9日，科技部、中宣部、中科协、教育部等9部门联合印发《2000—2005年科学技术普及工作纲要》。

④ 2000年11月16日，科技部、教育部、中宣部、中科协和团中央联合发布《2001—2005年中国青少年科学技术普及活动指导纲要》。

⑤ 2001年3月2日，国务院将每年5月的第三周定为“科技活动周”，在全国范围内展开群众性科学技术活动。

《关于加强科技馆等科普设施建设的若干意见》《关于鼓励科普事业发展税收政策问题的通知》《关于加强科普宣传工作的通知》等。通过上述一系列文件可以看出，在《中华人民共和国科普法》颁行之前，国家行政机关就已经在开展科普工作的过程中明确了国家、各级人民政府有关部门各自的科普义务，形成了法律、法规、政策建设相互促进的局面。

科普法制政策的建设过程本质上也是一个“共同契约”的建立过程。科普法制政策是有关科学普及的行为准则、守法程序及道德伦理规范，是为大多数人共同认可的，制定确立之后就会逐步成为公民的行为规范。作为一种文化价值观念的载体，政府制定的科普政策和科普法律制度会不断改变原有的文化传统。

成文的科普法经过全国人大或人大常委会的法定程序讨论通过，并以固定的形式确定下来，由国家强制力进行实施和监督。它从制度上明确界定了权利、义务，为国家、社会、科普工作者和其他社会公民提供了科普工作可以何为、应当何为的信息和预期。当国家、社会、科普工作者和其他社会公民遵守这种刚性规定，并认可这种规定反映的行为价值取向时，实际上就已经在创造一种崭新的社会文化了。一旦这套科普法制政策体系被整个社会的主流行为选择且认可，其中蕴含的价值观念就会成为社会主流的科普文化。无论是正式的科普法律、法规还是非正式的政府行政部门科普政策和实施细则，它们都是现代科普秩序的核心，更重要的是，这个体系能够为新科普观念和文化的最终形成和确立提供有力的支撑与保障，推动并牵引传统文化向新的创新文化转型。

任何形式的制度都是内生性的，其本身便具有寻利性。对于创新文化来说，科普法律、法规也是一种重要的内生性资源，不仅能够为科普创新主体提供一个有效的激励结构与动力机制，营造有利于创新文化成长发展的良好环境和土壤，还能够为科普创新主体构建一个和谐、稳定的运作机制与社会环境。科普政策、法律法规体系创新及其功能的发挥，不仅关系到创新活动的正常运行，同时也是影响创新文化因子成长的关键性因素。科普法律法规、政策体系的建设在创新文化建设中起到的最大效用，在于它能够为文化建设目标的最终实现创造必需的社会环境；它影响并决定着创新文化的发展方向；通过科普法律法规，能明确利益主体的产权归属、获利行为，促进并发挥各种因素效用的最大化，有效地激励和保护科普产业主体投身创新活动的积极性；能够培养和激发科普产业主体献身科学、成就事业的精神。科普法律法规、政策体系的建设才是创新文化形成的基础，是社会科普观念形成的根本动力。

第三节　科普需求的构成及参量分析

一、国家发展战略需求

（一）发展社会生产力的需求

2014 年 8 月 18 日，习近平总书记在中央财经领导小组第七次会议上的讲话指出：从发展上看，主导国家命运的决定因素是社会生产力的发展和劳动生产力的提高，只有不断推动科技创新，不断解放和发展社会生产力，不断提高劳动生产力，才能实现经济社会持续健康发展，避免落入中等收入陷阱。报告进一步提出，不忘初心、牢记使命，高举中国特色社会主义伟大旗帜，决胜全面建成小康社会。全面建成小康社会，必然要提高全民族整体科学素质，要求提升科普传播能力，完成科学普及的重要任务。

2016 年国务院办公厅印发的《全民科学素质行动计划纲要实施方案（2016—2020 年）》提出，要在“十三五”时期推动科技教育传播，扎实推进全民科学素质工作，激发大众创业创新的热情和潜力，为创新驱动发展、夺取全面建成小康社会决策伟大阶段构筑牢固的公民科学素质基础，为实现中华民族伟大复兴的中国梦作出应有贡献。《“十三五”国家科普与创新文化建设规划》中提出了科普的发展目标：到 2020 年科学精神进一步弘扬，创新创业文化氛围更加浓厚，以青少年、农民、城镇劳动者、领导干部及公务员和部队官兵为重点人群，按照中国公民科学素质基准，以到 2020 年我国公民具备科学素质的比例超过 10% 为目标。

（二）社会全面进步的需求

拥有大批具备科学素养的公民是文明社会构架的基础。现代科普理念正在向普惠化方向延伸，即要求人人都是科普对象，人人都需要科普知识。公民科学素质是国民素质的重要组成部分。从国际竞争来看，具备高科学素质的中国公民，更能学会使用现代的科学技术和现代管理知识、更容易适应现代社会生产生活，以及遵循社会的价值观和行为准则。

提高全民科学素质，在全民大众中普及科学知识，为自主创新营造良好氛围具有十分重要的作用。科普在帮助人民群众树立正确的世界观、人生观、价值观，掌握现代科学技术，激发自主创新能力方面有着不可替代的作用。掌握科学精神、科学方法和科学知识能够促使个人得到充分、全面的发展，对实现“两个一百年”奋斗目标和实现中华民族伟大复兴的中国梦，具有十分重要的现实意义。

（三）人类内在精神的需求

科学知识是人类文化生活和精神世界的重要构成部分，科学技术向人类展示了一个全新的有深度的世界。这些知识和技术的普及能够激发公众的好奇心，让公众去感知和体验这些技术带来的精神享受。科学普及在社会中能够起到丰富精神文化生活的作用，是新时代精神文化建设的一项重要内容。

当代社会是高度分工、高度专业化的社会，现代科学分工逐步细化，新技术对社会形态的影响日益加深。社会结构进一步变化，要求人们通过不断接受科普知识，来适应高度变化、深度分工的现代社会。因此，社会中的每一个人包括专家、科学家都需要科普，从更广阔的层面了解科学技术发展的最新动态。

二、全民科学素质行动对科普提出的需求

20 世纪 90 年代中期，中国科技界和教育界的专家、学者开始关注美国的 2061 计划，并积极加以借鉴和引用。中国科学技术协会在 1999 年 11 月提出《关于实施全民科学素质行动计划的建议》（以下简称《建议》），其中提出到 2049 年，中国成年人口居民必须达到一定的科学素质标准。其内涵是成年居民必须了解相应的科学技术知识，并且具备一定的科学精神和科学方法，以此判断和处理生产、生活中的各种事物。该《建议》产生了较大的社会影响，并最终获得中央采纳。2006 年国务院颁布实施的《纲要》提出，在“十一五”期间，科学素质行动计划的主要目标任务与措施是通过发展科学技术教育传播普及，尽快使全民科学素质在整体上有大幅度的提升。目前纲

要的实施取得了显著的效果。

公民的科学素质是衡量一个国家社会经济发展程度的重要指标，高素质的公民是持续不断推动科技进步、构建现代化国家治理体系、建设富强民主文明社会的重要基础，是实现中华民族伟大复兴、建设长治久安的社会主义国家的必要条件。2017 年，中国“大众创业，万众创新”社会氛围空前高涨，掀起了全民学习科技知识的浪潮。但是我们需要清醒地认识到，目前中国整体的公民科学素质同中国经济发展水平仍然不匹配，并且存在较大的地区和城乡差异。

三、创新驱动发展战略需求

（一）政府提升公民科学素质的需求

在中华人民共和国成立 100 周年时，中国将基本建成富强、民主、文明的社会主义国家。国民科学素质强，则国家创新能力强，国民科学素质的普遍提高，是立国强国之本，是实现现代化的条件之一。中国的现代化根本在于知识的现代化，这就需要公民科学素质与时代的要求同步提升。在 2020 年全面实现小康社会之后，增强公民科学素质，提升科普服务供给能力，形成大众创业、万众创新的科普氛围，提升国民整体创新创造能力，都是国家发展规划对科普事业提出的需求。

（二）社会经济发展的需求

创新驱动是世界大势所趋，全球新一轮科技革命、产业革命正在加速演进，科学研究从各个尺度上不断深入，以智能、绿色、泛在为特征的新型信息技术正在重新塑造世界技术生活的格局。创新驱动成为各个国家获取竞争优势的核心战略手段。中国正处于跨越追赶的历史关键时期，只有紧紧抓住新一轮技术革命浪潮，才能赢得发展主动权，为人类文明进步作出更大的贡献。

随着中国经济发展进入新常态，经济发展方式从传统的粗放式增长逐步走向科技式增长。科技创新和科学普及能够促进社会进步，其根本要义是通过提高全民科学素质，建立起大规模、高素质的创新大军，以推动科技成果快速转化。因此，只有将科技创新和科学普及放在同等重要的位置，两者齐头推进，才能推进中国从制造业国家向创新型国家转型。只有广泛开展科技方面的教育、传播、普及活动，持续推动中国公民科学素质提高，才能够为建成科技强国的宏伟工程奠定更加坚实的群众基础和社会基础。

目前科普和创新生态建设的主要趋势是科普逐渐成为科学与社会互动的核心渠道，社会化科普的时代特征日益显著。科学传播具有有效连接知识创新和知识应用的功能，通过科普将高端科研成果有效地传播给大众和企事业单位，能够提高广大群众的科学素养，促进颠覆性创新创业的产生。经济危机后，为抓住新一轮技术革命的机遇，创造经济新增长点，包括我国在内的各国政府纷纷加大了国家创新体系的建设力度。2016 年 9 月 24 日，科学技术部部长万钢在第十八届中国科协年会上，进一步表示科技普及是创新生态的重要组成部分，大众化与科技创新与社会化的科学普及之间是相互协调、相互促进的关系。

1. 科普促进创新精神产生

以科普促进创新精神的产生。创新精神主要包括以下文化特质：一是创新精神具有前瞻性，甚至是颠覆性；二是创新具有高度的合作性，创新主体采用开放性的方式寻找资源，互补分工协作，实现价值共享和协同共生。创新的这一特征，使科普成为催生创新精神的重要手段。例如，众创空间是一种重要的科普形式，是科普改革的重要方向。科普通过发挥产学研的连接作用，将创新精神、创新平台、创新政策和创新技术各个要素相互串联，加深信息传递、科技传播人员知识交流，实现创新扩散，进而构建创新体系。

无论是创业梦想还是合作共生，都需要来自大众传媒的科普知识对创新精神进行宣传和发挥。科学普及能够促进创新创业生态体系建设。创新创业生态体系具有角色多元、种类丰富、从业者众多的特点，不同学科、不同专业背景、不同学历层次、不同社会分工的创业者，通过各种特殊手段，产生正式或者非正式的创意经验信息的连接，共同来实现创新创业，如果没有先进的科普手段和良好的科普事业作为基础，学科交叉、专业交叉将很难实现。

2. 科普促进科创平台建设

科普有助于创新创业基础平台的构建与创新创业政策的落实。科创平台需要建立在一系列的公共配套设施和运营管理基础之上，而科普各类场所和活动是天然的创新创业平台，在此基础上加以推广和宣传，能够为创新创业提供稳定的运营场地和组织保障。以 2016 年北京举办的重要科普主题活动“中关村创业会”为例，活动上有多家中关村创业科技公司和海内外知名企业共同构建创新联盟，推进创新创业与大企业创新需求相结合。活动通过举办人工智能、智慧城市、智慧医疗等多场路演活动，展示科研院所“高精尖”科研成果，吸引了广大的创客企业和相关机构的重点关注。这对普及科学知识，弘扬科学精神，激发大众创新创业热情起到了很好的推动作用。

3. 科普提供体系外创新教育环境

科普对大众创业、万众创新的促进作用，主要体现在以下三个方面。

（1）科学普及有利于提高创新创业者的综合科学素质。在体系内教育中，科学知识的传授多集中于本专业的学习，导致受教育者对广泛的、其他类别的科学知识接受不足，并进一步造成创新创业者缺乏对科学技术的全貌和社会科技发展整体脉络的认知。知识结构不合理，也会影响其专业知识的深入联合运用和产业化运行。参加科普教育活动，特别是创新创业领域的专业科普教育，有助于提高其综合的自然科学和社会科学的知识层次，提高其创新创业能力。

（2）科学普及有利于创新创业者的知识更新。在知识爆炸社会，科技转化为生产力的周期越来越短。创新创业者不仅要掌握本部门最新知识，还需要掌握新能源、新材料、新技术等相关领域的知识。技术领域的宽度越来越成为企业参与竞争、获取效益的必要条件。通过科普工作的有效开展，提高创新创业者的科学素养，能够有效加速创新创业者的知识更新。

（3）科学普及有助于提升创新创业者的文化素养。科学普及不仅要进行科学知识的传递，更重要的是要进行科学精神的普及和传播。科学精神是创新创业者必须具备的精神境界，包括探索、求真、务实、批判性思维和互助共赢。科学精神的传播对于塑造大众崇尚科学、敢于进取探索的精神，对提升双创文化素养的形成有不可替代的作用。

4. 科普成为实现可持续发展的重要途径

当前人类面临着环境污染、资源枯竭等非传统安全因素的威胁。巨大的生态危机和生存危机，是摆在全人类面前的严峻现实。树立环境意识和生态意识是可持续发展的前提，这一点是科普的重要任务之一。生态意识要求正确处理人和自然界的关系。目前来看，中国公民环境保护意识依然淡薄，保护环境、抵制污染排放、抵制乱砍滥伐等活动的公众参与程度依旧很低。这说明生态保护的科学普及程度仍然需要加强，以帮助公民建立环境意识和生态意识。自然资源枯竭的问题在中国进一步凸显，中国淡水资源、土地资源、矿产资源、森林面积、草地面积均低于世界平均水平，而且利用效率低，合理的节约使用资源是可持续发展的重要方面。因此，一方面需要通过科学技术进一步构建循环经济和节约经济；另一方面需要通过科普使广大的公众接受和认识生态环境保护的重要性。

（三）民众自身发展对科普的需求

科学普及是双创高效运行的必要条件。科普活动能够促进人的全面发展，而全面发展的创新人才是推动创新创业的核心部分。科学普及是一种形式多样、内容丰富的体系外教育，能够进一步拓宽受教育者的知识面，有利于培养交叉型知识创新人才。在科学普及的同时，对科学知识产生的历史渊源、发展现状、发展趋势的认知，也是科学精神传递的过程，能够为启发科普受众、增强创新意识打下基础。

第四节　科普需求的测度及参量分析

经济社会的全面发展离不开高素质公民这一重要的基础条件。随着国家创新驱动发展战略的部署与实施，对高素质人才队伍的需求和中国公民科学素质现状的矛盾日益凸显。通过调查研究，研究科学的调查评估方法，全面掌握中国公民科学素质的现实情况，是进一步在全国范围内促进公民科学素质进步、完善科学普及事业发展、缩减中国公民同国外发达国家差距的基础性工作。《纲要》指出，到2020年，要形成较为完善的公民科学素质建设的组织实施、基础设施、条件保障、监测评估体系。建立完善的公民科学素质监测评估体系是开展科学普及组织实施等各方面工作的基础性研究课题，为了努力实现《纲要》建设目标，国内多家机构对公民科学素质进行了研究、试验和测评。

一、科协体系下的公民科学素质测评

中国科学技术协会（以下简称中国科协）自20世纪90年代开始，借鉴美国米勒体系对中国公民科学素质开展调查，至2015年已经开展了9次中国公民科学素养调查，取得了一定的成果。但是，米勒体系存在一些固有缺陷，主要表现在部分科学素质维度的题目缺失，特别是科学术语、科学方法等中国公民科学素质中亟待提升的方面 。基于发达国家国情的米勒模型同现阶段中国公民的科学素质水平不匹配，导致测评结果失真，无法反映中国公民科学素质的实际变动情况。特别是米勒体系中对公民科学素质内涵的界定，同《纲要》中关于公民科学素质的定义——“了解必要的科学技术知识，掌握基本的科学方法，树立科学思想，崇尚科学精神，并具有一定的应用它们处理实际问题、参与公共事务的能力”——相去甚远。因此，建设并完善中国自己的公民科学素质标准，不仅需要借鉴国内外学者和科学普及人员的先进理论、经验和做法，更需要从中国的实际国情出发，结合中国的文化特点、人口结构比例，充分考虑中国的经济发展、科学技术发展状况和人的全面发展要求。建设科学合理的公民科学素质测评方法，是《纲要》所提出的“较为完善的监测评估体系”中重要的一环。为此，科技部中国科学技术交流中心，开展了数次中国公民科学素质基准测评，不断完善公民科学素质基准、公民科学素质调查问卷、抽样方法和实施方案等。

1992 年，中国科协和国家科委有关部门正式在全国范围内对我国公众的科学素养进行抽样调查，其结果首次收录《中国科技指标》，由此开启了对公众科学素养进行系列调查并进行国际比较的先河。此后，1994 年、1996 年、2001 年、2003 年中国科协均对我国公众的科学素养进行了抽样调查，相关结果以及与世界多国公众科学素质的对比情况受到国内、国际社会的普遍关注。

二、中国公民科学素质基准下的科学素质调查

2012 年，科技部中国科学技术交流中心在《中国公民科学素质基准（征求意见稿）》的基础上，设计了全新的公民科学素质调查问卷。调查问卷分为两部分：第一部分为调查对象的性别、年龄、户籍、职业和受教育程度；第二部分包括知识构成、价值取向、行为表现三个维度，考察公民的科学生活能力、劳动能力、参与公共事务能力、终身学习与全面发展能力四个领域。经过反复讨论，共确定 42 道调查题目。中国科学技术交流中心联合北京市、天津市、上海市、重庆市、湖南省、四川省各科技主管部门和科普机构，对公民科学素质进行抽样调查。该调查工作充分考虑了中国实际情况，根据行政区划采用分层抽样的方法，获取了 12 015 个样本，并且对题目难度进行了可靠性分析。调查结果显示，被测评的 6 个省市，平均达标率为 20.02%。此外，调查也针对被调查对象的性别、年龄、户籍、职业、受教育程度进行了分项测算，针对《纲要》提出的四类重点人群展开了具体分析。2012 年开展的中国公民科学素质测评创新性地提出了中国公民科学素质评价指标体系，检验了《中国公民科学素质基准

（征求意见稿）》的科学性，同时也发现了不足之处，为推动科普事业的发展提供了第一手的调查资料和坚实的理论研究基础。

2015年，科技部中国科学技术交流中心在修订完善《中国公民科学素质基准（征求意见稿）》的基础上，历经数次研讨，最终形成《中国公民科学素质基准（试行）》，并以此为依据编制了2015年中国公民科学素质调查问卷。调查问卷包括两部分：第一部分是答卷人情况；第二部分是测评题目，包括科学基础知识，以理解科学事业、科学价值观，参与公共事务为基础的科学思想，科学生活、科学劳动以及其他获取运用科学知识的能力三个领域的内容，共计50道题目。在全国选取北京、重庆、广州、黑龙江、湖南和陕西6个省市作为样本，采用统一的抽样方法，委托当地统计部门，共获得有效样本12 693个，通过调查测试分析，6个省市的平均调查结果为21.79%，调查结果进一步验证了中国公民科学素质基准的准确性，持续性地支撑了中国公民科学素质调查研究。

第五节　当前科普供给侧的“不充分与不平衡”

历次公民科学素质调查得到的调查结果，集中显示了当前科普供给方面存在的主要结构性问题。这些问题体现在科普供给总量不足，科学精神传播出现短板和科普地区结构、人群结构不平衡等方面。

一、科普供给总量不足

科普供给总量不足是指在各类科普资源建设的过程中，中国公民科普服务享受水平同西方社会公民相比仍然差距较大。自2016年2月国务院颁布《纲要》实施方案以来，在党中央、国务院的正确领导下，各地区、各部门紧紧围绕党和国家的中心工作，坚持联合大协作，扎实推进全民科学素质行动计划，公民科学素质快速提升。根据中国科协的统计资料，中国公民科学素质达标率从1996年的0.2%上升至2018年的8.47%（见表2－4）。

表2－4　科协依据米勒体系开展公民科学素质测评的结果　单位：%

公民科学素质调查	年份	全国整体达标率
第三次	1996	0.2
第四次	2001	1.4
第五次	2003	1.98
第六次	2005	1.60
第七次	2007	2.25
第八次	2010	3.27
第九次	2015	6.20
第十次	2018	8.47

历年中国公民科学素质的调查结果显示，中国公民科学素质达标的比例快速提高，但是各地区之间公民科学素质的差异较大。以2015年的调查结果为例，公民科学素质达标比例最高的地区是上海，为18.7%；比例最低的地区是西藏，为1.9%，两者相差接近10倍。对比发达国家，在2016年美国公民科学素养报告中，20年来美国公民科学素质稳定上升，其中调查对象回答知识测试题目的正确率为平均65%。80%的调查对象对科学及科技进步持支持态度，90%的调查对象对科学家和科研机构信心较大。在对科学的复杂性和多层次的理解上，美国的公民科学素质显著高于中国。科普学术界对“社会参与者应该继续加强扩展科学素养的理解”和“加强科学素养理论的实践研究等对科学知识科学态度的关系”等关于科学素养效用方面课题的研究深度和广度，也高于中国的科普研究领域。

二、针对职业技能的科普供给不足

从职业角度考虑，中国经济增长已经从高速转入中高速的新常态。人口红利消失，必须以提高劳动者自身素质为突破口，发挥劳动者科学素质，实现劳动者技能的提高，以应对人口结构变化和劳动力市场转型所带来的严峻挑战。就目前来看，中国的劳动者科学素质普遍偏低，针对劳动者科学生产、生活的科普不足。中国职业工人群体受教育程度仍需大幅提高，中国本科以上劳动者占比不足20%，与美国、日本等发达国家相比差距仍然较大。低学历劳动者比例高，使中国更难适应和推广产业结构优化升级，不利于推动高新技术产业的发展。随着科学技术在经济发展中的作用日益凸显，为进一步加快实施“中国制造2025”，推动生产方式转变，以针对性培育专业技术人才、高技能人才为目的，以对务工人员及结构性失业人员进行劳动技能科普为重点，开展劳动培育教育，仍然是科普供给侧结构性改革的重要内容，也是目前较为薄弱的环节。

三、青少年、农民针对性科普供给问题

在《纲要》提出的科普四类重点人群中，青少年和农民是目前科普供给较少，科普享受程度较低的群体。

（一）青少年群体

在科学普及的四类重点人群中，青少年的科普供给亟待加强。2015年的调查结果显示，中国青少年对科技的兴趣和爱好呈下降趋势：在11类职业选择规划中，经理或老板、军人或警察、教师和医生是青少年未来职业选择的前三位，占比分别为14.8%、13.4%、

9.6%。科学家仅排在第七位。此外，经济合作与发展组织（OECD）公布的2015年国际学生能力评估测试（PISA）结果显示，中国中学生期望未来进入科学相关领域从业的比例仅为16.8%，明显低于美国的38%和经济合作与发展组织（OECD）国家的平均水平24.5%。青少年中想从事科研工作的比例随着年龄的增长而不断降低。在小学五年级的调查对象中，科学家从业意愿所占的比例为12%，初中二年级时，降为6%。

青少年的科普供给层级较低。当前体系内教育和科普工作通常以实物展示为主，将较多的精力集中在科学知识的传授上，单纯依赖科技产品、科普作品的宣传、宣讲和传播，忽视了人与人之间的沟通、青少年同科学家群体的相关交流。国外的经验表明，在日常生活中接触过科学家、科研工作者的青少年，对科学产生兴趣的比例高达88%，青少年同科学家的交流，能够显著提升青少年对科学技术、科技研发的兴趣，能够明显提升他们从事科学技术职业的意愿。目前中国的科普工作中，科学家参与程度较低，较多的科研人员由于自身科研工作压力较大，没有时间和精力走进校园同青少年进行面对面的交流。此外，对科研人员的评价系统中没有体现科普工作的价值，科学家缺乏与青少年沟通的技能等现实问题也阻碍了科学家与青少年的交流与互动。

（二）农民群体

群体数量大分布广、科学素质基础差、人口流动性强、参与互联网生活程度低，是农民科普工作难度大的客观原因。农民接触的科普教育和科普产品供给不足，也受制于长期的人员、资金投入少，长期以来不重视农民科普工作，缺乏制度保障等历史因素。2015年中国城镇化率达到了56.1%，农村人口约为6.2亿人。农村和农民的全面小康不仅体现在物质文明方面，也体现在包括科学素质在内的精神文明建设方面。

农民科学素质是国民科学素质中不可分离的重要组成部分。作为社会主义建设的主体之一，农民的科学素质决定着全面建成小康社会、建设创新型国家的进程，也决定了新农村建设的成败。科学素质行动计划纲要实施以来，“十二五”期间公民科学素质已经显著提升，农村居民的公民科学素质达标率为2.43%，而同期城镇居民的达标率为9.72%。农民科学素质达标率仅占全国平均科学素质达标率的39.2%，是城镇居民的1/4。由此可见，中国农民科学素质水平仍然处于较低位置。

农民科学素质水平已经成为全面建成小康社会的最大瓶颈之一。城乡科学素质差距进一步扩大，将导致农村地区封建迷信观念难以破除，甚至呈现出盛行状态。此外，环境污染、资源浪费、生态保护意识不强等都将影响农村居民生活水平。

四、科普内容中科学精神传播力度不足

就目前来看，中国公民科学精神达标率仍然是短板。2017年在北京、黑龙江、甘肃和广州开展的公民科学素质调查，共包含三个领域，即以理解科学事业、科学价值观、参与公共事务为基础的科学思想；科学基础知识；科学生活、科学劳动及其他获取和运用科技知识的能力。从整体来看，三个领域试题答案的平均正确率分别为49.61%、44.77%和64.02%。

弘扬科学精神是科普的重要内容之一。科学精神是人们在长期科学实践活动中形成的共同信念、价值标准和行为准则，是科学与科学

活动的内在灵魂和精神气质。一方面，科学精神约束科学家行为，使科学家在科学活动中保持基本的伦理底线；另一方面，科学精神广泛渗透到社会运行的各个方面，有助于推动社会和人类文明进步。因此，科学精神的传播是现代科普的核心。

科学精神包含求真创新、执着理性的特质，其核心的观点是求实与创新。实事求是是科学的本质，科学精神要求正确反映客观现实，避免主观臆断。科学精神的广泛传播，其作用不仅仅局限于科学家群体，具备科学精神的决策者与普通劳动者，也可以运用科学精神促进社会全面进步。

科学精神并非仅存在于自然科学中，它是整个人类文化精神不可缺少的组成部分。科学精神的广泛传播是消除愚昧的有效武器。广泛弘扬科学精神，养成实事求是的人生态度和工作作风，不盲从、不轻信、不迷信任何未经科学充分检验的理论观点，能够保障人们生产、生活顺利运行。坚持认真仔细、一丝不苟、周密观察的严肃工作态度和严谨作风，也能够保障决策者科学决策，敢于纠正错误的态度。

当前科学精神供给矛盾体现在制度和物质两个层面。在制度上，我国科普法律法规中，虽然很多地方都规定了科普的相关内容，包括科学精神及科学思想，但实际上目前我国科普的内容更多的还是关注科学技术对物质文明的作用，主要还是注重科学技术的工具性，因此，弱化了公民科学精神和科学能力的培养和塑造。

从科普设施中也能反映出我国科学精神传播的瓶颈。在各地的科技场馆或其他科普设施中，展教资源“往往局限于对科学现象和科学知识的表现，对于科学精神、科学思想、科学方法和科技进步给予生活、经济、社会、文明发展的重大影响，以及对于塑造受众的科学观念、科学世界观更具影响力的方面，设计展示表现得不够充分”。

2010年，《中国科普基础设施科普能力发展报告》也提到“对于藏品和展品背后的自然进化思想、科技与社会的关系、人与自然的关系等更深层次的内涵却很少揭示，人类在揭示自然奥秘、科学发明过程中所表现的科学精神、科学思想、科学方法等也甚少表现；只见展品不见人与科技的关系、只见科学知识不见科学观念”。

五、科普供给的区域性差异

以2017年开展的公民科学素质调查为例，从各地区的情况来看，北京、甘肃、黑龙江、广州在三个领域测试题答案的正确率均呈现出科学生活和劳动知识正确率高、科学基础知识正确率较低、科学思想正确率中等的情况。在以理解科学事业、科学价值观、参与公共事务为基础的科学思想的领域中，黑龙江省的正确率最高，为55%；甘肃省和北京市为50%左右；广州市最低，为43%。在科学基础知识领域，四个省市较为接近，均在45%左右浮动。在科学生活、科学劳动及其他获取和运用科技知识的能力领域，各地差别较大，北京最高，为70%；甘肃省、黑龙江省、广州市均低于65%。

第三章 Chapter Three

科普供给侧结构性改革的综合评价

综合评价是采用系统化、规范化的方式，运用一定的数理统计知识，对多个分指标进行综合，以排序、分类、计算指数等方式进行科学评价的方法。综合评价广泛应用于社会实践，如国家、地区的经济实力综合评价，科技创新综合评价等。综合评价的技术关键步骤包括指标选取、权重确定、数据处理等。

只有在清晰地界定科普事业这一概念的内涵与外延的基础上，才能够科学、合理地构建科普综合评价指标体系。在具体操作过程中，首先要明确综合评价的目标，确定其主题，这对于构建评价指标体系等后续工作而言非常重要。

第一节　国内外关于科普供给侧评价的研究方法

各国学者都在进行科普评价方面的研究。英国、德国、比利时、澳大利亚、波兰、瑞典等国家十分重视对科普活动的评价，都开展过科普活动的评价工作。尽管许多国家开展了多年的科普评价活动，但是对科普评价的研究一直落后于科普评价实践。美国、英国等国家关于科普评价研究的文献很少，大多是对科普评价实践活动案例进行的定性分析（Annette，2006）。

美国政府的许多部门和机构等都负有开展科普工作的使命，为科普评价体系研究提供大力支持，以期更科学、规范地评价科普，其中以国家科学基金会、国家航空航天局的效果最好。国家科学基金会有严格的项目审批及评价制度，通过非正规科学教育计划开展科普评价工作。它专门设立了评审委员会，该委员会由外部专家组成，同行评议科普项目的绩效，以此来监控项目（Renetzky，1971）。国家航空航天局的教育处负责组织实施科普活动，评价部门评价管理项目，有着成熟的项目评价体系，以此对科普项目的绩效进行控制（Education and Public Outreach Task Force，2003）。此外，自 1998 年以来，国家航空航天局与莱斯利大学（Lesley University）项目评价研究组合作，连续评价科普项目及其组织效率（NASA，2003）。

对政府资助的重大科普项目和活动，英国是委托评估公司进行评价。例如，自 1994 年起举办的全国科技周，英国评估协会公司每年都会对其进行效果评价。关于如何评价科技周活动，英国公众理解科学委员会编写了相关的小册子，科普执行机构可根据该小册子来评价项目（Anderson，2001）。

国内有关地区科普能力评估方面的研究还是比较丰富的。

李健民等（2007）深入研究和总结了上海市 20 世纪 90 年代以来科普事业的发展，认为建立一套科学合理的评价体系对已经迈入公众理解科学阶段的上海市来说是迫切需要的。因此，基于上海科普事业所取得的成绩以及科普、科技评价的一般理论，他们初步设想和构建了上海科普工作绩效评价指标体系。史路平（2010）等充分肯定了建立科普评价体系的积极作用，同时也认为我国的科普项目中存在着政府与社会投入极其有限、管理效率差强人意、有限投入的作用没有充分发挥等不足，以致限制了科普项目投入，并成为一种恶性循环现象。因此，他们从另一个角度切入，认为需要建立科普项目评价制度，以评价制度化作为解决恶性循环现象的重要途径，明确各类科普项目的评价性质，建立科学合理的科普项目评价体系，采用科学的评价方法与评价流程。张立军（2015）构建了区域科普能力评价指标体系，从科普参与人员、科普基础设施、科普经费、科普宣传和活动等方面构建区域科普能力评价指标体系，并采用改进的 CRITIC 法进行指标赋权，对我国 31 个省、市、自治区的科普能力进行了评价。陈套等（2015）构建了区域科普能力评价指标体系，测算了 2012 年我国的区域科普能力。张慧君和郑念（2014）利用主成分分析方法，构建了区域科普能力评价指标体系，根据 2011 年的科普相关数据，对全国各省、市、自治区的科普能力进行了综合评价及排名。吴华刚（2014）采用全局主成分分析法，从科普人力资源、科普财力资源、科普场地资源、科普传媒资源和科普活动资源五个维度，立足省域层面设计相应的评价指标。任嵘嵘、郑念、赵萌（2013）基于熵权法——GEM，提出了包括科普人员、基础设施、经费投入、科普创作和组织活动五个方面、23 个指标的科普能力评价指标体系。张良强、潘晓君（2012）采用层次分析法，从人力、财力、物力、内容和活动五个维度，设计相应指标体系来评价全国各省市科普资源共享共建的绩效。张艳等（2012）应用因子分析和聚类分析对全国科普示范县的科普综合实力进行了分析。李婷（2012）在国家科普能力定义的基础上，构建了地区科普能力的理论模型和指标体系，并利用主成分分析方法进行了科普能力水平的评价。佟贺丰（2008）对构建的地区科普力度评价体系（涵盖科普人员、基础设施、经费投入、科普传媒和活动组织等指标）进行了有效衡量。陈昭锋（2007）对我国科普能力的趋势进行了研究，结果表明沿海发达城市在区域科普能力提升方面已进行了成功的探索。莫扬等（2008）系统地研究了我国科普资源共享的基本理论问题，此后科普资源的利用效率影响因素如何界定的问题被提出。张风帆等（2006）从定性角度构建了科普项目评估指标体系，该体系包含项目投入、项目组织、项目独特性、产出情况、社会效果和满意度 6 个指标。

第二节　科普供给侧评价的目标与进路

一、研究可续、测算结果稳健

对科普发展情况进行综合评价，是科学地制定各类科普政策的基础，构建反映一个地区科普供给侧结构性改革的综合评价指数，有助于提升各类科普资源同科普受众的匹配程度，有助于更好地发挥科技主管机构作用，建设社会化科普传播体系。合理地构建科普发展指标，并进行定量分析，能够帮助科技主管部门发现科普事业的发展总体态势、发展速度和地区间科普发展情况，以便补齐科普事业短板，更好地推动科普事业全面进步。

二、具备政策参考意义

对科普事业发展进行综合评价，应当从科普事业的基本概念入手，即“科学普及是政府通过人才培养、财政投入、组织引导、调整优化等方式，不断提升科学普及公益事业的能力的过程”。进行科普事业发展综合评价，要以这个概念为出发点，围绕科普事业发展的多种外延，建立综合评价指标体系和制定权重。

第三节　科普供给侧评价的指标体系构建

指标体系目标议题较大，在内涵简单、外延十分丰富的情况下，实际操作中很难收集到全部反映综合评价目标的统计数据，此时需要通过局部数据，运用主观评测、灰色关联分析法等将影响力较大的指标挑选出来，简化评价指标体系，提高可操作性。

例如，在人文水平发展内涵的界定上实为百家争鸣，要选取合理的指标来综合反映人文发展的情况，必须对指标进行大刀阔斧的精简，在数据可得性、可信性和指标体系完备性上作出取舍。著名的“人文发展指数”仅将预期寿命、成年人识字率、人均 GDP 三个指标作为内容①。尽管仅涵盖三个主要指标项，但其良好的可操作性使该评价方法成为国际领域衡量人文情况发展的主要指标之一。

一、指标选择

在构建科普供给侧结构性改革评价指标体系过程中，需要考虑的要素有以下几点：其一，科普供给侧结构性改革的评价指标体系必须从科普事业的概念出发，即围绕促进公民科学素质全面提升需求，能够反映科普人才队伍建设、科普场馆建设、科普资金投入等科普供给的发展状况。其二，科普评价指标体系必须能够体现各个地区对科普供给侧结构性改革的推进力度。其三，在新常态背景下，社会经济的发展方式发生深刻变革，科普事业发展的主要动力源已经从单纯的科普场馆建设、资金投入的驱动方式转化为各类科普媒体、科普活动与传统科普投入共同作用的局面，科普传媒的发展情况是科普事业发展评价中重要的因素之一。其四，科普发展评价必须有可信的统计数据作为支撑，需要使用在时间上有一定积累量的数据作为支撑。

围绕加强国家科普能力建设，提高全民族科学文化素质，营造科技创新的社会氛围，以往学者们构建的科普工作评价指标体系的确值

① 联合国开发计划署在 1991 年的人文发展报告增加了居民自由度和环境破坏程度两项指标。

得借鉴，但随着社会发展，在一定程度上不适用于当前的科普工作评价。为响应国家号召，呼应国家科普工作建设的战略布局，本书提出特色科普工作评价指标。

（一）科普基础设施

经济发展基础包括城市的经济总量、经济发展水平、财政收入和金融发展水平。其中，GDP、人均 GDP、财政收入、人均财政收入、外商直接投资等，还包括推广科普的软件、硬件条件等，都是衡量城市科普基础能力的指标。

（二）科普活动服务

年度科普活动数量为科普讲座次数、科普竞赛次数、科普国际交流次数、科普（技）展专题展览次数四类科普活动次数总和。其中，根据《北京加强全国科技创新中心建设总体方案》《推进科普理念认识与实践活动“双升级”倡议书》，倡议加强国际交流与合作，因此，“科普国际交流次数”纳入考核中。

（三）科普平台化建设

李克强总理在 2015 年“两会”的政府工作报告中提出制定“互联网 +”行动计划，要求推动移动与互联网的结合。本书将“网站个数”纳入科普传媒考核中，该指标下包含科普类图书种数、期刊种数、音像制品种数、网站个数，取数量总和作为年度科普出版物总量，结果与科普人员数量作比值。

（四）创新创业促进

“大众创业、万众创新”出自 2014 年 9 月夏季达沃斯论坛上李克强总理的讲话，李克强总理提出，要掀起“大众创业”“草根创业”的新浪潮，形成“万众创新”“人人创新”的新势态。“大众创业、万众创新”（以下简称“双创”）也因此成为近年来政府工作的重点。《关于建设大众创业 万众创新示范基地的实施意见》明确表示加快建设一批高水平的双创示范基地；加速科技成果转化，积极推动大众创业、万众创新。故本书将“双创”发展纳入指标考评维度。

通过综合考虑科普事业发展评价的主要目的和可操作性，本书设计的评价指标体系包含6项一级指标，各类二级指标对一级指标体系的解释性较好，考虑到二级指标之间的线性相关性，将在权重确定过程中进行适当调整，使指数计算结果更为合理（见表3－1）。

表3－1　科普供给侧结构性改革综合评价

一级指标	二级指标
科普普惠供给	人均科普人员
	人均科普经费使用额
科普平台化建设	科普网站个数
	电视、电台科普播出节目时长
	科普国际交流
	科技活动周科普专题活动次数
创新创业促进	举办实用技术培训次数
科普服务与产品	重大科普活动次数
	科普图书出版数量
	科普期刊出版数量
	音像制品发行数量
科普基础设施	三类科技场馆数量
	科技场馆展厅面积
	公共场所科普宣传场地数量
科普产业化程度	科普专项经费在科普经费筹集中的占比

二、指标权重测算

在评价指标体系中，权重的确定方法主要可以归为两类：主观类定权法和客观类定权法。主观定权法的主要思路是将专家提供的意见以一定的综合方法转化为权重向量，使用较多的有德尔菲法、层次分析法。客观定权类的主要思路是从指标体系内部出发，从指标和指标间进行分析，据此确定评价指标的权重。客观定权类方法主要有主成分分析法、熵权法、信息量权数法等，这几类客观定权法分别从指标体系的内部依赖结构、指标产生的信息熵、指标间变异系数入手，对影响较大的指标赋予较高权重。

在权重测定的方法选取上，需要根据综合评价的目标灵活选取。当综合评价目标的内涵较为简单，或者多个目标的内涵接近时，客观定权类方法以较高的精度优于主观评测。当综合评价的目标非常宽泛，甚至出现不同分目标在一定程度上互斥的情况时，从指标体系内部出发，讨论指标体系内部关系往往会导致计算失真，产生同直观认识不符的情况。另外，当评价指标体系中的指标并非自然产生，而是具备很强的主观能动性时，贸然对计算结果较差的指标定位赋予较低权重，可能会使未来衡量发展情况失真。

如政府的各类投入、人员招聘等，体现的是政府在不同时期、不同决策目标的主观性变化，体现在时间和地区变化上往往规律性较低。特别是在较小范围内，如北京市的区级科普统计指标上，变化会更加明显，过度使用会导致信息损失的定权法可能得不偿失。另外，科普发展指标体系中可能存在一定的共线性，如科普场馆建设、科普资金投入等，此时采用客观定权法将导致一些具备共线性的指标出现权重过低的情况。

在构建评价体系的时候，最困难的是确定权重。本书中地区科普工作评价体系各指标的权重首先按照层次分析法确定框架，然后通过德尔菲专家调查法确定权重值。在研究中，首先选定一定数量的来自科普决策部门、科普理论研究部门和科普操作部门等多个领域的专家，向专家表明本书的意义与目的。然后，拟订专家调查表，按层次将各指标排列成易于专家打分的表格形式，以征询专家对指标权重的看法，然后对各专家意见进行统计分析，使用 Expert Choice 层次分析软件计算出每张专家调查表下各指标的相对权重，并检查每位专家意见的一致性，放弃不能通过一致性检验的少数专家意见或对各指标的权重打分意见做出适当修改。对每次所得结果反馈给专家，通过专家重新讨论和反馈，进一步对权值作出修正。如此往复，最后获得的专家集体判断结果意见集中并且具有统计意义。确定方法后，本书请了30 位专家进行试验性打分，然后利用层次分析软件，输入原始数据获得每个指标的权重，经过一致性检验合格后，获得各级指标具体权重。

本书聘请多名科普领域的专家、学者，对各科普供给侧结构性改革指数拟采用的统计指标进行了权重设定，并经过多轮修正，综合客观评定与主观评定，最终确定了地区科普能力建设评价指标体系各指标的权重分配（见表 3 - 2）。

表 3 - 2　　科普供给侧结构性改革综合评价指标权重

一级指标	二级指标	权重
科普普惠供给	人均科普人员	0.084
	人均科普经费使用额	0.092
科普平台化建设	科普网站个数	0.062
	电视、电台科普播出节目时长	0.036
	科普国际交流	0.042
	科技活动周科普专题活动次数	0.098

续表

一级指标	二级指标	权重
创新创业促进	举办实用技术培训次数	0.046
科普服务与产品	重大科普活动次数	0.076
	科普图书出版数量	0.072
	科普期刊出版数量	0.036
	音像制品发行数量	0.028
科普基础设施	三类科技场馆数量	0.098
	科技场馆展厅面积	0.076
	公共场所科普宣传场地数量	0.072
科普产业化程度	科普专项经费在科普经费筹集中的占比	0.082

三、指数计算方法

（一）去量纲方法

不同的指标，如资金、人员、场馆原始数据的数量差异较大，需要通过去量纲化方法消除指标间的数量差异，方可在同一个指标体系中比较。下面对目前常用的去量纲（数据标准化）处理方法作出归纳。

1. 极值法

极值法是较为常见的去量纲方法，无量纲化后的每个指标的数值都在0~1，并且能消除负值。当指标为正向指标（指标值增加对综合评价结果有正面影响）时，指标X的无量纲化计算如下式所示：

$$X'_i = \frac{X_i - X_{min}}{X_{max} - X_{min}}$$

其中，X_{max}和X_{min}分别代表参加比较的同类指标中的最大原始值和最小原始值。极值法的优点是便于使用，处理后数据数量级恒定为

0 ~ 1。多个不同数量级的指标可以方便地通过极值法进行综合。极值法的缺点是若数列中存在少量同其他数据差距较大的异常值时，会导致结果波动较大。因此，在实际处理中往往需要先剔除异常值，或对一定数量比例范围的数据进行极值法处理。例如，HDI 指数在计算时，将识字率控制在 20 ~ 80 岁人口的样本范围内，避免异常数据对去量纲过程产生较大的干扰。极值法另一个需要注意的问题是在计算发展指数或者比率化的操作中，无量纲化后的数据必然会出现一个 0 值。若对处理后的数据进行进一步的处理，应当避免将该向量作为分母。或通过对处理后的数量 X' 增加一个合理平移值来避免 0 值出现。

在极值法的基础上，为了进一步增强数据可读性，可以对极值法的处理结果放大并平移，即

$$X'_i = \frac{X_i - X_{\min}}{X_{\max} - X_{\min}} \times a + b$$

例如，当 a 为 40、b 为 60 时，X' 为 40 ~ 100 的数量，接近常见的百分制表达。

2. 均值法

均值法也是较常见的去量纲方法，均值法处理较为简单，指标 X 通过均值法去量纲的计算如下式：

$$X'_i = \frac{X_i}{\frac{\sum X}{n}}$$

均值法的特点是简便易行。均值法处理后，仍然能够满足不同数量级指标间的计算。均值法的缺点是在处理含有负数的指标时，可能出现不可预料的结果。

3. Z - score 标准化法

将原始数据转化为 Z 统计量也是常见的标准化方法，计算公式如下：

$$X'_i = \frac{X_i - \overline{X}}{S}$$

通过 Z 统计量变换，数据符合均值为 0、方差为 1 的标准分布，便于进一步开展统计推断研究。Z 值法必然产生大量负值，若计算指数不允许负值、0 值出现，则需要将 Z - socre 法与极值法结合运用，或对 Z 值法的计算结果进行平移。

（二）指数综合方法

用数量化方式表达一个事物的“发展”情况，需要将当期数值同过去某个时间的数值计算变化率来表达发展速度。根据采用的基期不同，可分为同比、环比、定基发展速度。若对多个事物的综合发展情况进行计算，如价格指数、股票指数等，主要思路是对多个细分指标（如价格指数为一揽子商品、股票指数为若干只代表性股票）当前加权和与前期加权和之比。根据报告期和比较期加权求和方式不同又可以分为拉氏、派氏、定基发展指数。

为了保证测度结果的客观公正，所有指标口径概念均与国家统计局相关统计制度保持一致。测算数据主要来源于国家官方统计机构出版的年度统计报告、统计年鉴，部分数据通过合理的计算和处理，科普供给侧结构性改革指数应达到以下目标。

1. 历史可比较性和地区可比较性

指标计算在时间上有连贯性，可以衡量一个地区在不同时期各类科普资源投入的变化情况。同时指标能够客观地反映不同地区的科普事业发展的差异情况。

2. 未来研究的可持续性

在获得最新年度数据时，往年科普数据不需要重新计算，对计算数据能保持连贯性，且对未来算法调整具有一定的兼容性。

3. 简便易操作和指标稳定性

算法简单，便于理解，统计数据中出现少量变化幅度较大的指标时，指数的计算结果不会出现大幅度的波动。

为了达到上述目标，本研究最终采用“设立标杆期、计算标杆期地区均值、所有数据除以标杆期均值”的三步法，即选择一个年份计算该年份的地区间均值，然后在地区间和时间序列上均除以该均值，计算指数。计算结果详见附录 A。

第四节　科普基础供给能力与供给侧改革的综合评价

一、科普供给侧改革总体指数

根据《中国科普统计》（2017 年版）中国各省、市科普统计数据，计算北京及其他省、市科普发展指数，汇总中国整体科普发展指数。中国科普发展从数量增长转向质量增长，除北京、上海、云南等省、市，全国大部分地区增速放缓。

通过计算，中国科普供给侧改革指数在 2008—2017 年稳步上升，从 2008 年的 31.02 升至 2017 年的 52.79，需要注意 2015 年达到了 10 年内的最高水平，为 56.32，得益于建设科技创新战略的快速投入，国家深入实施创新驱动发展战略的时代需要。为确保该战略稳步推进，亟待调整科普产业类型和发展方向，国家在 2015 年各类科普投入显著增强，科普发展迅速。2008—2015 年，我国科普经费发展指数总体呈现上升趋势，且发展势头强劲，2015 年达到近年来最高值 2.37，年均增速为 11.07%（见图 3－1）。

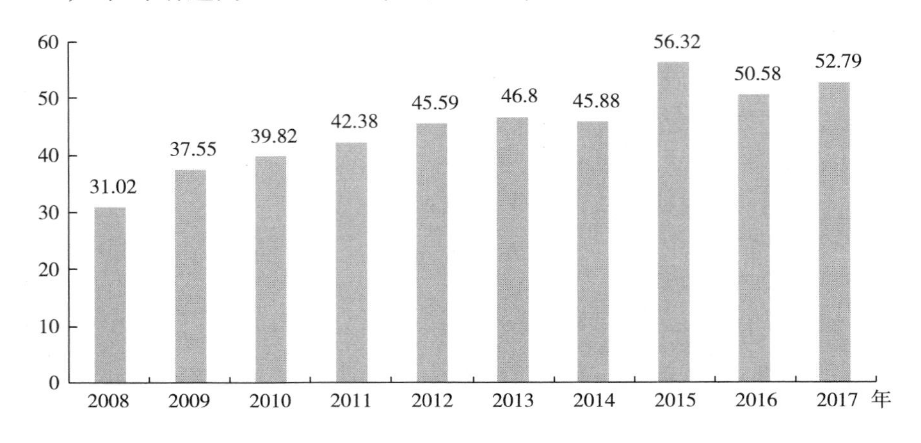

图 3－1　中国整体科普供给侧结构性改革指数（2008—2017 年）

2017 年科普供给侧结构性改革的地区指数显示，北京为全国科普供给侧结构性改革得分最高的地区，为 7.76 分；上海、江苏、浙江、广东分别为 3.95 分、2.49 分、2.30 分、2.29 分，全国科普供给侧结构性改革的地区差异明显，改革指数小于 1.00 的省份有 7 个，多为西部省份（见图 3－2）。

二、科普供给侧改革分指数情况

2017 年科普供给侧结构各项分指数的构成显示，科普基础设施、科普平台化建设和科普普惠供给是科普供给侧结构性改革的主要贡献来源，占比分别为 33%、31% 和 23%；科普产业化、科普创新创业促进和科普服务与产品占比较低，分别是 8%、3% 和 2%，这三者反映了目前科普工作的短板（见图 3－3）。

城乡之间科普方式和途径仍然存在差异。城市中的科普活动仍然

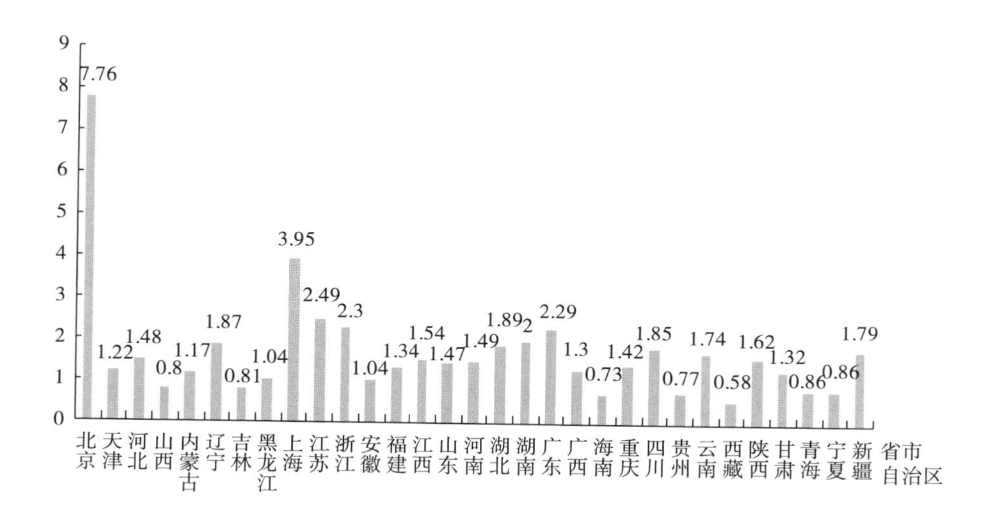

图 3-2 2017 年中国各省市科普供给侧结构性改革指数

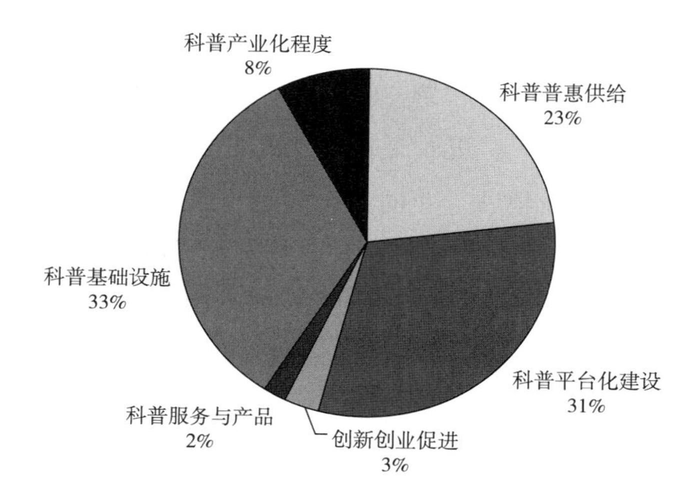

图 3-3 2017 年供给侧结构性改革分指数贡献度

以面向科技爱好者、青少年群体为主，同时科普场馆的接待能力显著提升科普服务水平。此外农村地区科普活动主要以科技大篷车、科普展板、科普展示栏等方式，科普参与深度同城市差异明显。对科普普惠性的测算显示，历年科普普惠覆盖情况逐步改革，从 2008 年的

5.45 升至 2017 年的 9.13，科普覆盖人群和人民群众享受科普服务量逐年增加（见图 3－4）。

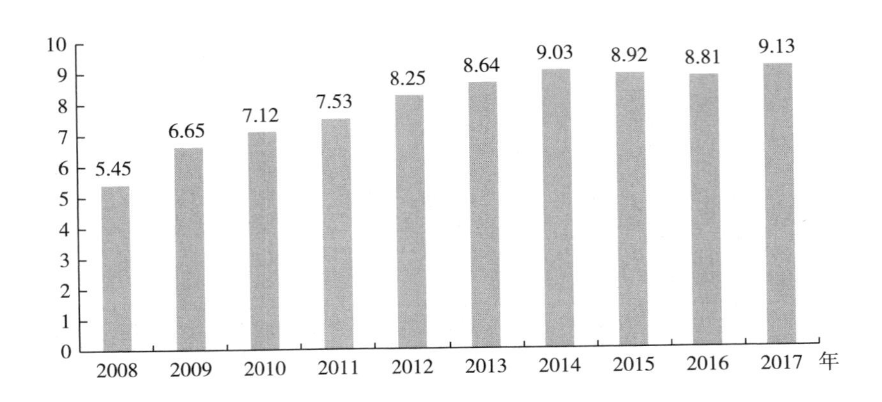

图 3－4　科普普惠指数分指数（2008—2017 年）

科普同其他领域的融合发展，关键在融为一体、合而为一。要尽快从“相加”阶段迈向“相融”阶段，从“你是你，我是我”变成“你中有我，我中有你”，进而变成“你就是我，我就是你”。

随着科普与其他领域行业的结合渗透，科普日益呈现产业化特征。当前，科普产业初步成为一个新业态多发、规模快速增长、业务交叉融合、边界日趋扩大的新兴产业。在科普平台化建设方面，北京在科普联席会议、科普基地管理、科研院所高校向社会开放方面遥遥领先，达到了 2.48；科普平台化建设较好的其他省市是上海、江苏，分别为 0.9、0.73（见图 3－5）。

科普基础设施在科普供给侧结构性改革上贡献较大，科普基础设施从 2008 年的 7.66 升至 2017 年的 13.44，增幅为 175%（见图 3－6）。

2016 年颁布的《全民科学素质行动计划纲要实施方案（2016—2020 年）》中指出，“增加科普基础设施总量，完善科普基础设施布

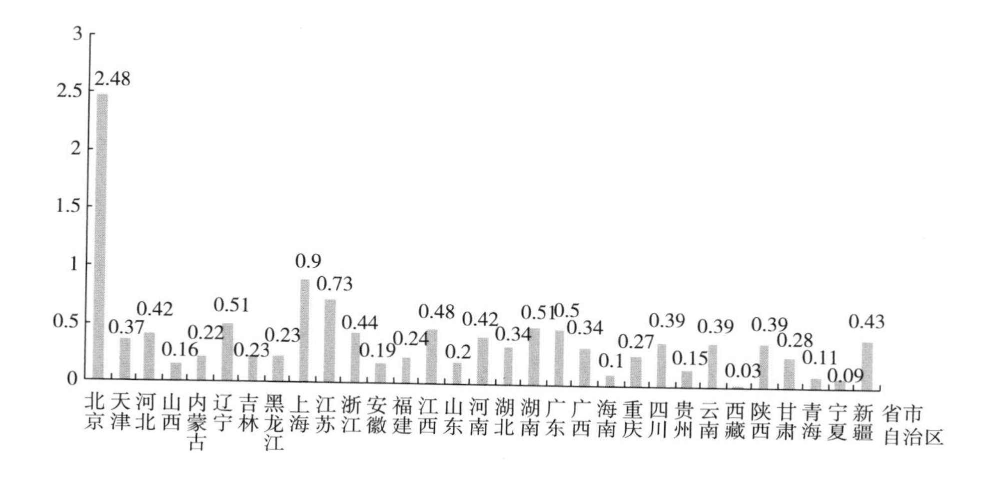

图 3－5 2017 年科普平台化分指数

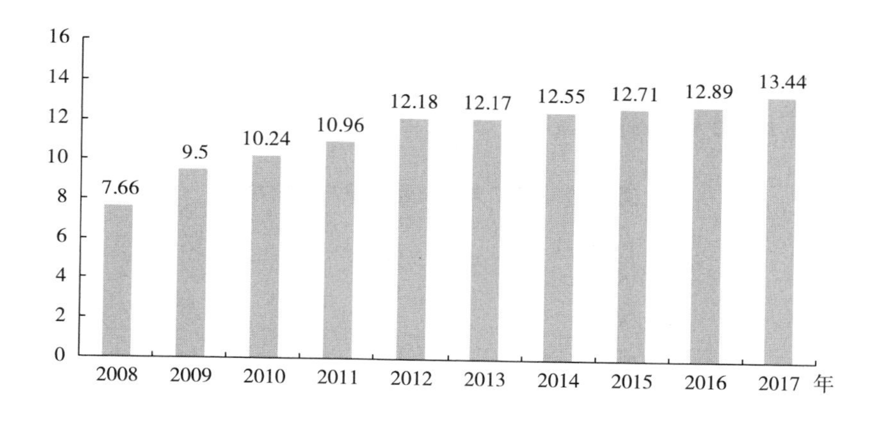

图 3－6 科普基础设施分指数（2008—2017 年）

局，提升科普基础设施的服务能力，实现科普公共服务均衡发展”。科普基础设施作为国家科普能力建设的重要组成部分，是科普工作的重要载体，是为公众提供科普服务的重要平台，对提升全民科学素质具有重要作用。在高等学校、科研院所、企事业单位充分依托正在建设和投入运行的科技创新平台、重大科技项目和示范应用工程，通过“公众开放日”等活动形式，将科技资源和科技成果转化为科普资源，面向社会公众开展科普服务等方式的推动下，2017 年全国各地科普指数均有所增长。

需要注意的是，科普基础设施的地区差异较大。以 2017 年的指数为例，上海科普基础设施指数最高，为 0.9；浙江、山东、广东科普基础设施指数为 0.86、0.82、0.84（见图 3－7）。

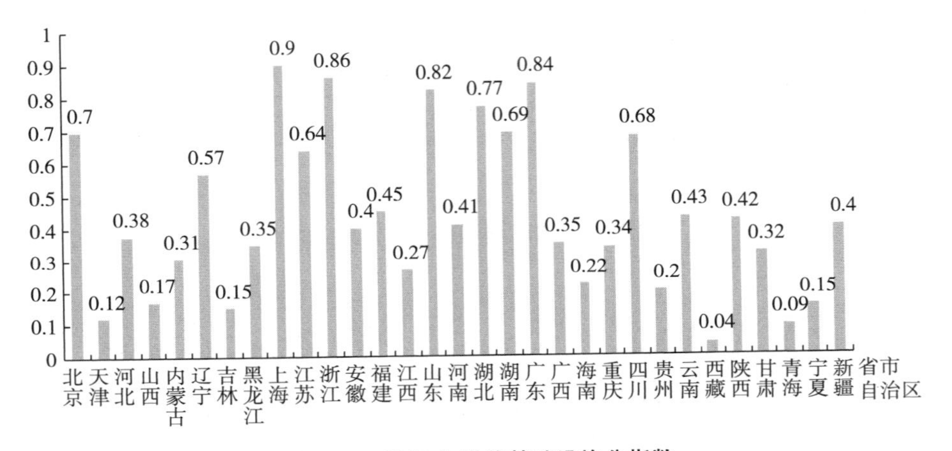

图 3－7　2017 年科普基础设施分指数

Chapter Four

第四章

科普供给侧改革存在的问题与改革目标

本章依据综合评价的结果，从供给的总量、方式、变化情况角度阐述科普供给侧结构性改革的核心议题，此外基于科普专家调查问卷和访谈对科普供给侧结构性改革从措施进行分析。

第一节　科普供给效能的研究方法

科普投入产出效率是指各种科普投入与科普产出的比例关系，关注的是以科普人员、科普场地和科普经费等资源的投入所能得到的科普活动和科普传媒等科普产出的多少。从已搜集到的文献资料来看，无论是国内还是国外，关于科普投入产出效率的研究都刚刚起步，目前可检索到的研究成果比较有限。张绘（2019）基于 DEA – Tobit 模型研究了我国的科普投入产出效率以及需要作出的政策调整。于洁等（2017）运用传统 DEA 和超效率 DEA 两种模型，构建了一套科普投入产出评价的指标体系，对 2015 年我国的区域科普投入产出效率进行了分析。刘广斌等（2017）应用三阶段 DEA 方法，选取 2008—2014 年我国 31 个省、自治区、直辖市的相关数据，研究了我国科普投入产出效率的状况。王宾、李群（2015）利用数据包络分析（DEA）模型，构建了以投入产出为核心的科普投入产出效率评价体系，并对 2012 年 31 个省份（港澳台除外）进行测算并提出政策建议，力图构建一个科学评价体系。刘广斌（2015）构建了我国科普投入产出评价指标体系的初步框架，应用数据包络分析法（DEA）对 2006—2013 年我国科普的投入产出效率进行了初步分析评价，得出了我国科普投入产出效率有待提高的初步研究结论。张泽玉（2008）提出了科普效果评估体系和指标方法，并设计了科普效果评估指标体系，该指标体系包括科普投入、科普环境、科普活动效果和科普综合产出效果四大类指标。

20 世纪 90 年代末，我国就开始开展科普统计工作。历次科普统计得到的数据，通过科技部《中国科普统计》向社会发布。《中国科普统计》反映的是我国科普工作的状况，数据具有权威性。《中国科普统计》为我国科普投入产出效率评价研究提供了数据支持。李建坤等（2015）对与科普投入产出效率相关的文献进行了总结，发现对科普评价效果的研究多为定性分析，缺少定量研究，国内外仍未出现高质量的研究成果。

科技资源配置效率研究分为定性与定量两个层面。对于科技资源配置效率的定性研究，主要是从科技资源配置机制的角度展开的。杨传喜等（2016）在已有的科普资源评价体系相关研究的基础上，利用曼奎斯特 - DEA 方法和各省科普统计面板数据，对 2006—2013 年我国科普资源配置的全要素生产率进行了动态评价与测算。吴华刚（2014）采用全局主成分分析方法，构建了科普资源建设水平的评价指标体系，以全国 31 个省、市、自治区为样本空间，对其 2006—2011 年的科普资源建设水平进行了分析评价。范斐等（2012）认为，科技系统是由一个由投入产出各个要素相互依赖、相互作用形成的复杂系统，他们将科技资源配置效率理解为科技产出与科技投入之 DEA 方法，该方法无须估计投入与产出的生产函数，是直接利用线性规划的方法，并从投入产出视角构建了评价指标体系。俞学慧（2012）立足于科普项目支出绩效评价工作，构建了一套财政绩效评价体系。贝克尔（Beeker，1983）认为，一个标准体系的设定并不代表它是最终的结果，因此评价标准应该是动态的、变化的，应定期进行更新。谭岑（2010）运用层次分析法构建了大中型科技馆的评价模型，从场馆建设、展品研发、经费等方面评价科普场馆的效率。彭薇（2009）通过问卷调查法、专家调查法、数理统计法、逻辑分析法对湖北省中小科技馆的科普资源利用进行了实证分析，对影响中小科技馆科普资源利用效率的主要因素进行了分析，提出科普资金、科技馆物质条件、经营思想、人员素质、管理规章五个方面内容对资源利用效率的影响。刘玲利（2008）更多地侧重于科技资源配置效率定量方面的研究，即通过选取指标与构建模型的方式测度某个地区或领域的科技资源配置效率及其变动情况。叶儒霏（2004）等运用新制度经济学理论、政府管理理论，结合国内外经验教训，分析了影响我国科技资源配置效率的原因并寻找相应的对策。

第二节　科普供给效率调查问卷及分析

一、问卷设计

在科普供给侧结构性改革问卷调查中，我们选择了124位科普领域从业人员和专家参与调查。调查对象中年龄在30～39岁的占比最高，为44.35%；年龄在40～49岁的占比为21.77%；年龄为50～59岁的占比为19.35%。调查对象中具有博士和硕士文化程度的占比分别为26.61%和31.45%。调查对象中在政府机关及事业单位、高校科研院所工作的占比为54.84%和27.42%，调查对象对科普事业普遍具备较深的理解。调查问卷中关于科普供给侧结构性改革的问题共计12题，多为对科普事业发展状态的排序和态度的调查，详见附录B。

二、调查结果

在关于科普供给主体的问题中，“科普场馆”综合得分为3.71

分，排在首位；其次是“科研院所与大学”，综合得分为3.16分；“科普企业”排在最后，得分为2.48分。可见目前科普产业还没有形成对社会的有效供给（见图4－1）。

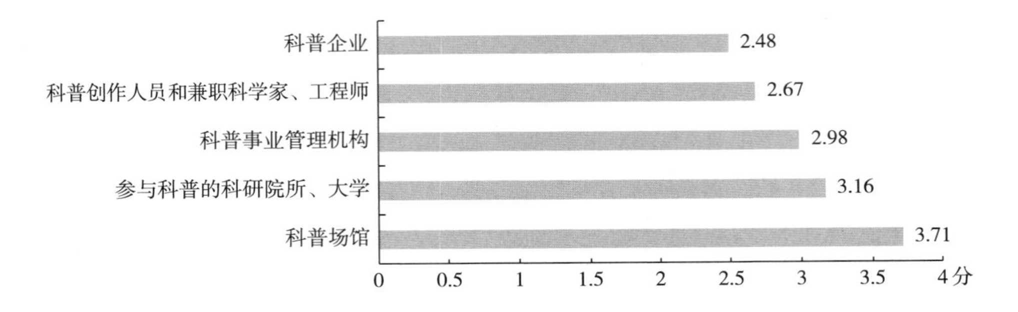

图4－1　科普供给的来源评分

在对目前科普活动存在的突出问题进行排序时，“科普活动组织形式单一”和“活动内容陈旧单调”得分较高，分别为4.05分和3.9分。科普活动的组织和内容是科普供给侧结构性改革的重要方面（见图4－2）。

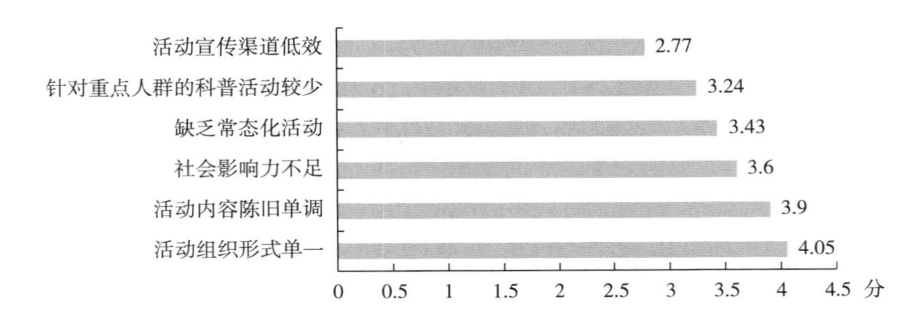

图4－2　科普活动中存在问题排序

在实现科普产品（科普音像和书籍）高质量供给的措施的排序中，“培养、引导高水平创作人员参与科普产品开发”和“根据科普对象，调整科普产品的题材和内容”排在前面，得分分别为3.6分和

3.48 分；“改善科普产品传播手段”和“增强科普产品传播力度”得分较低，分别为 2.56 分和 2.44 分。调查对象的观点更加倾向于作品内容的创新而非作品的传播（见图 4－3）。

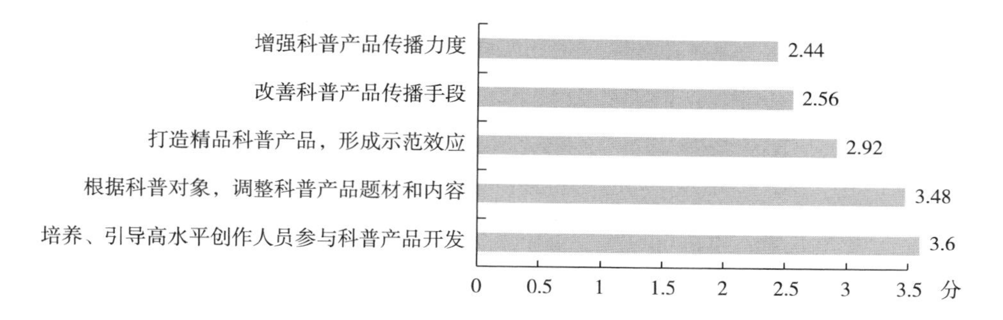

图 4－3　实现科普产品高质量增长的措施排序

在促进科普与科技创新的措施的排序中，“加强科研项目配套科普经费落实力度”和“建立科学家开展科普促进机制”呼声最大，得分分别是 4.79 分和 4.69 分（见图 4－4）。

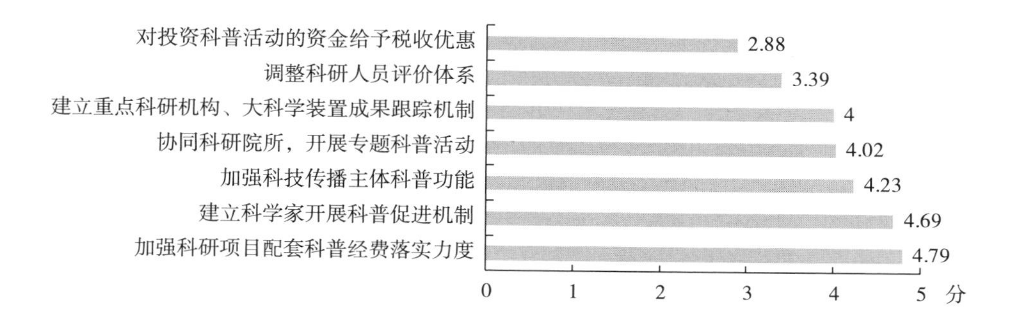

图 4－4　促进科普与科技创新的措施

通过问卷调查发现，在科普供给中，最突出的结构性问题是“科普供给地区差距加大”，这点符合统计数据和科普供给侧结构性改革综合评价的结果，得分为 3.93 分。此外，“城市农村获取科普差距加大”“社会阶层获取科普差距加大”也是专家调查中较为突出的问题，综合得分分别为3.77分和3.64分（见图4-5）。

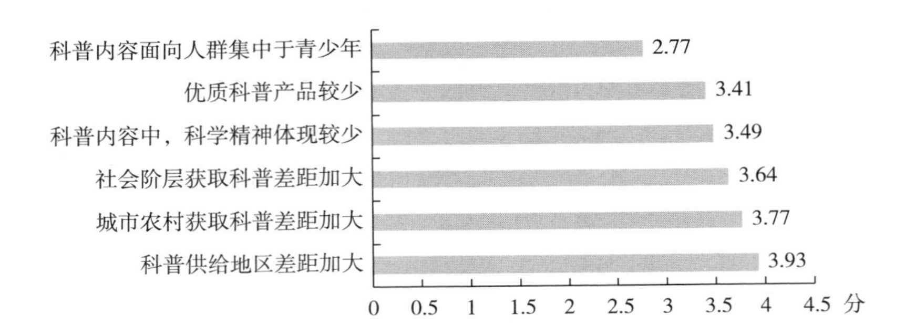

图4-5　科普供给的结构性问题

在对各类科普供给对提高公民科学素质的作用进行的排序中，"科普场馆"和"科普活动"是较为重要的两项，得分分别为3.57分和3.44分。"参与科普的科学家、科普网红"和"科普宣传条幅展板"对提高公民科学素质作用较小（见图4-6）。

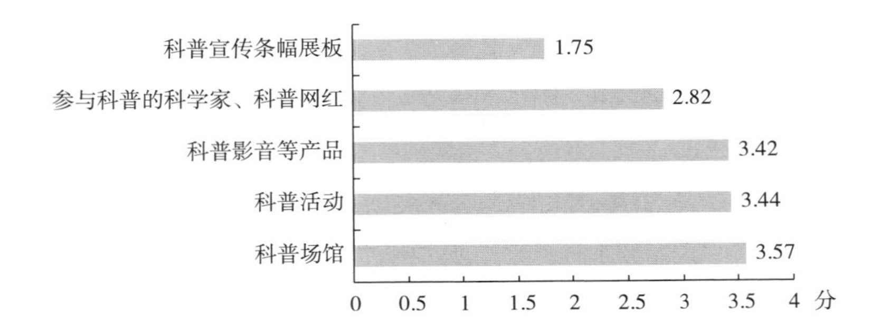

图4-6　科普供给方式的有效性

相对于"十二五"时期，"十三五"时期公众对科普的重视程度发生了何种变化，在此项内容的里克特量表调查中，多数专家认为目前公众对科普的态度变化为"变得较为重视"，说明"十二五"时期的科普工作对提高公众主动关注科学的促进作用明显（见图4-7）。

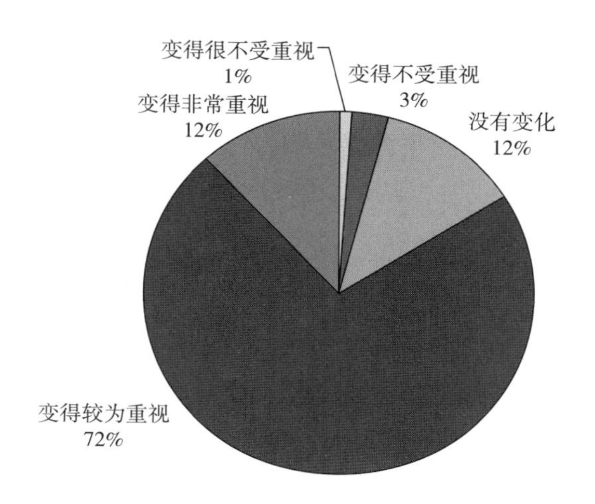

图 4－7　“十三五”时期公众对科普重视程度的变化

在对当前科普人才培育机制满意度的调查中，对目前的科普人才培育机制表示“满意”的占 12%，认为目前科普培育机制“一般”的占 48%。科普人才培育制度建设存在一定的问题（见图 4－8）。

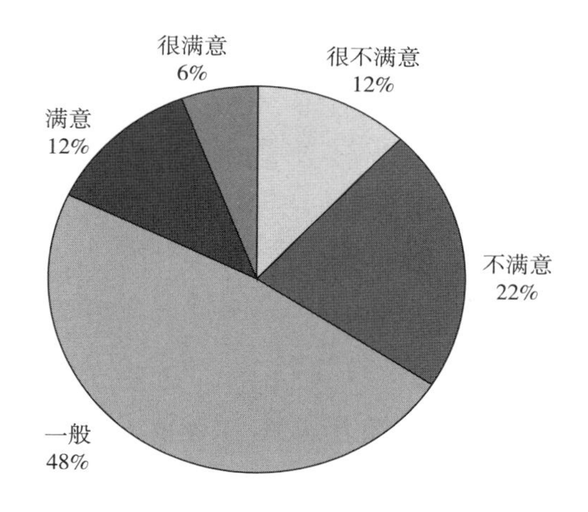

图 4－8　科普人才培育机制满意度

例如，2016 年北京市共有科普专职人员 9 291 人、科普兼职人员 45 669 人，科普兼职人员数量约为专职人员的 5 倍。2008—2016 年，北京市科普专职人员从2008年的5 814人增加到2016年的9 291人，数量是稳步增加的，增长了近60%，而科普兼职人员的数量并不稳定。上述数据显示，北京市科普专职人员的数量虽然在近些年稳步提升，但与兼职人员相比数量依然不足，而兼职人员虽然数量得到保障，但流动性较大，很难保证科普工作的长期稳定。

在对当前科普活动组织的满意度的调查中，对目前科普活动的组织“很满意”的占7%，对目前科普活动的组织“满意”的占23%，认为目前科普活动的组织“一般”的专家占49%（见图4－9）。

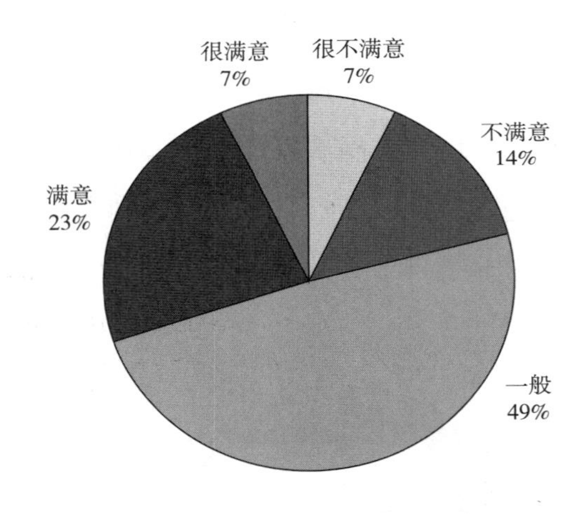

图4－9　科普活动组织的满意度

在对当前科普新媒体、新技术应用情况的调查中，表示“很满意”的占10%，表示“满意”的占29%，表示“一般”的占47%。调查结果显示目前科普新媒体、新技术的应用还不充分（见图4－10）。

在对各类科普资源利用情况的调查中，认为“充分发挥了效能”的仅占2%，认为“发挥了效能”的占11%，认为“基本发挥了效能”的占26%，认为“发挥效能不充分”的占58%（见图4－11）。

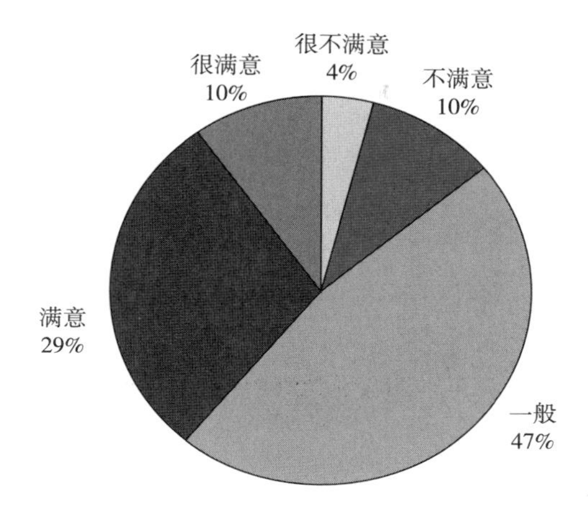

图4－10　科普新媒体、新技术应用情况

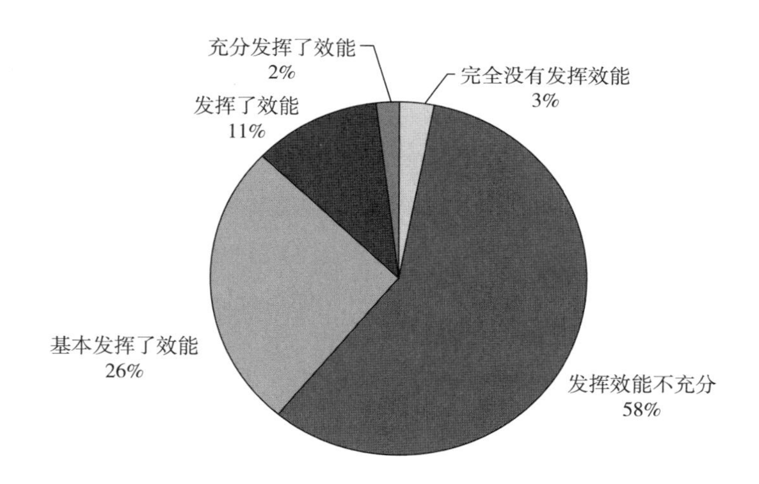

图4－11　科普资源利用情况

对科普需求的来源的调查，调查结果更倾向于“国家对提高公民科学素质的需求”，占54%；公众对自身发展的需求占比略低，为46%。目前的科普需求仍然体现了国家战略的主导性（见图4－12）。

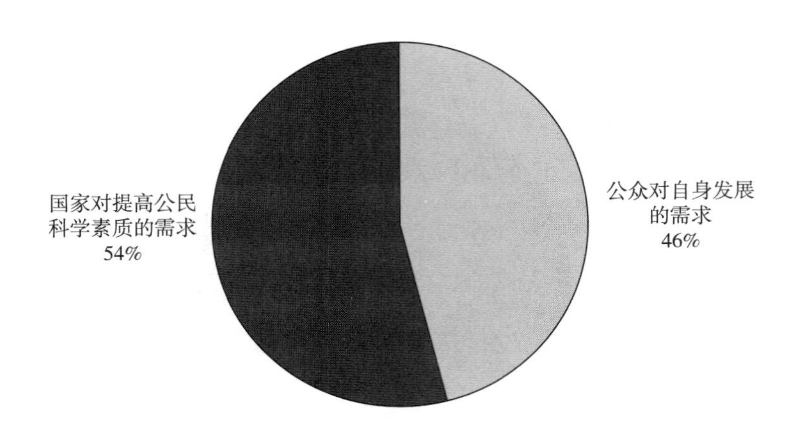

图 4－12　科普需求的来源

在对科普供给侧结构性改革重点任务的调查中，“建立常态性、经常性科普活动机制”得分最高，为 3.6 分；“提高科普产品质量”和“统筹做公益性与经营性科普产业转变”得分次之，分别为 3.28 分、2.97 分（见图 4－13）。

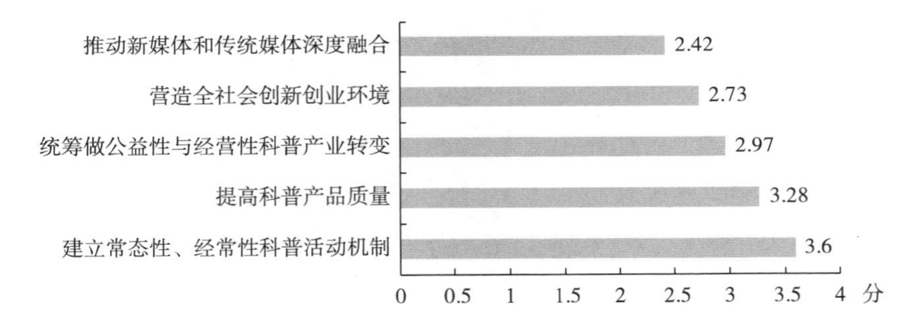

图 4－13　科普供给侧结构性改革重点任务

第三节　当前我国科普供给中存在的问题

根据科普供给调查，我们认为目前中国科普供给存在部分地区科普资源投入不足，科普的地区差异、城乡差异较大和科普供需匹配度低的问题。

一、部分地区科普财政投入不足

科普经费是科普事业发展最主要、最重要的物质保障，科普事业的发展离不开有力的财政支持。科普经费是科普场地建设、科普人才培养和各项科普活动的重要支撑来源，其来源主要有以下几个方面：

①各级人民政府的财政支持；

②国家有关部门和社会团体的资助；

③国内企事业团体的资助；

④境内外社会组织和个人的捐赠。

相较于2016年，2017年科普经费筹集总额增长了5.32%，为160.05亿元，集中财政支出占筹集总额的76.82%；全国人均科普专项经费为4.5元，比2016年增加0.03元。但是，科普经费投入仍然具有显著的区域发展不平衡的特征，东部地区科普经费筹集额占全国总额的57.33%，高于中、西部两地之和，在经费来源上，省级和县级是全国科普投入的主体层级。

根据《中华人民共和国科普法》的规定，各级政府应当将科普经费列入同级财政预算中，并逐步提高科普投入水平。到目前为止，中国科普经费投入普遍不足，科普工作所需要的必要物质保证没有基础，各级财政较为困难，近年来对科普的工作投入增长缓慢，与经济社会发展要求和公民科学素质行动计划纲要所提出的任务仍然有很大差距。中国部分西部地区县级科普投入人均每年不足0.3元，严重制约着中国基层地区，特别是农村地区科普工作的有效开展。有必要将科普纳入社区综合服务设施、综合性文化设施的建设中，提升科普的基层服务能力。

在提高科普供给水平方面，应当继续加大财政投入。以京津冀科普财政投入为例，2015 年北京市在文化体育与传媒方面的财政支出达到了188.5 亿元，高于天津市的51.73 亿元和河北省的88.34 亿元。天津市大力推进研发，实现产业升级再造，2015 年财政对科学技术的支出达到了120.82 亿元。在城乡社区的事务性资金支出上，北京市、天津市社区事务支出达到900 亿元以上（见表4－1）。

表4－1　2015 年京津冀科普相关公共服务财政投入　单位：亿元

地区	地方财政一般预算支出	地方财政一般公共服务支出	地方财政教育支出	地方财政科学技术支出	地方财政文化体育与传媒支出	地方财政城乡社区事务支出
北京市	5 737.7	300.12	855.67	287.8	188.5	995.39
天津市	3 232.35	178.3	507.44	120.82	51.73	922.16
河北省	5 632.19	503.32	1 041.16	45.5	88.34	476.59

数据来源：国家统计局。

研究发现，目前的财政支出统计数据中，专门针对科普和科学文化教育的财政支出比例不高。提升公民的科学素质，应当进一步提高科普经费在财政支出的比例，同时提高文化传媒教育等其他公共服务支出和科普支出相结合的比重，实现系统化教育、非系统化教育、一般传媒教育“三位一体”的科普教育模式，用接地气、形式多样、人民群众喜闻乐见的科普文化作品逐步淘汰当前浮躁且不符合社会主义核心价值观甚至背离科学精神的文化作品。

培育一支高水平、广泛性的科普创作队伍，需要以财政引导为主，广泛地同现有的文化、教育产业合作，多方协作才能实现，如京津冀地区运用天津市的科技产业化园区、河北省地理优势和北京市科研机构与文化创作企业优势，通过跨行政区域的科普立项，以政府采购科普服务的新形式来提升科普供给水平，为广大人民群众提供丰富的科普文化产品。

二、科普资源地区差异大

中国优势科普资源更多的是集中在东部地区，东、中、西部地区的专兼职科普人员占全国专兼职科普人员总数的比例分别为42.72%、25.64%和31.64%，东部地区科普人才的投入明显高于中部和西部地区。浙江、江苏、四川、河南、湖南是东部地区排名前五位的科普人才大省，这五省科普人才总规模达到了56.11万人，占全国科普人数的31.27%。全国科普人才排名后五位的是吉林、宁夏、海南、青海和西藏，合计仅占全国科普人数总数的2.8%。从科普场馆建设来看，排名前五位的是湖北、广东、福建、上海和山东，东部地区科技馆的建筑面积比中、西部科技馆建筑面积的总和还要高20%。“十三五”以来，中部地区、西部地区持续在科技建筑面积、科学技术类博物馆建筑面积上加大投入，加大工作力度，但是大型、特大型科技馆仍然集中在东部发达地区。

当今科技发展与人们的生产、生活息息相关，人民群众是否了解科学技术知识、掌握科学方法、具备科学思想和科学精神，是否具备愿意参与公共事务等科学态度，直接决定着个人的未来发展潜力。目前来看，中国的东部地区和西部地区、经济发达地区和经济欠发达地区差异明显，同一区域的受教育程度和城乡差别仍然较大。

以2015年第九次中国公民科学素质调查为例，中国具备科学素质的公民比例达到了6.2%，比2010年的调查结果提高近90%，全国排名前三位的分别是上海、北京和天津，科学素质达标率分别为18.71%、17.56%和12%。北京和上海公民科学素质已经达到了美国2000年左右的水平，并超过了欧盟平均水平。从城乡差距来看，农村居民科学素质提升速度缓慢，两性差别明显，男性公民科学素质达标率为9.04%，女性公民科学素质达标率为3.38%。

三、科普供需匹配不畅

（一）科普内容陈旧匮乏

优秀的科普作品是国家综合国力和文化软实力的重要组成部分，是公众获得科普服务的最直接体现。科普作品具有认识、传播、交流、教育传承等功能，不受制于地域的广泛性，可以通过各种媒体进行承载，提高科普作品质量是科普供给侧改革一个重要的环节。

目前科普作品的主要形式是动漫影视、科普游戏、科普出版物等。其中，科普影视是目前互联网环境下最重要的科普文化产品。

科普影视主要是指科普电影和科普电视等以视听结合的方式进行综合性表达的艺术形式。用生动逼真的形象和生动活泼的表达形式使抽象概念形象化、深奥的科学道理通俗化，吸引公众的注意力。科普影视作品对受众的文化程度要求不是很高，受众的年龄覆盖范围较广，而且作品可以重复播放、多次呈现，不断加深受众对科普的理解。通常情况下，观众没有系统的、专业的科学技术知识背景，与专业技术人员相比，他们对科学技术的认知更多的不是对科技本身的真实性和理性的认知，而是对科学技术的一种整体的观感。因此，科普影视作品能否吸引观众，首先取决于其题材和内容。目前来看，科普影视作品仍然给人一种严肃死板、循规蹈矩的灌输与说教的印象。如何将科学内容深入浅出地表现出来，利用各类技术手段和制作手段不断推进创新，仍是值得关注的课题。

（二）科普渠道不畅

新时代科普不仅要在科普内容上推陈出新，也需要在科普传播方式上不断创新。信息爆炸时代，没有快速的信息表达方式，优秀的科普作品也有可能会湮没在巨大的信息浪潮中。科普所传达的科学知识，本身无优劣之分，但是科普的表达方式、传播方式与科普用户的现实要求密切相关，也是科普供给侧结构性改革的重要任务。

近年来，科普数字出版以及专业科普网站、科普门户频道、“两微一端”等科普媒体长足发展，为公众接触科普信息、科普产品带来了极大的便利。就目前来看，中国科普信息化水平仍然存在着一定的结构性问题，包括科普信息化程度不高，科技馆信息化、科学家讲解信息化程度不高，公众参与不热情，科普内容资源众创分享和评价机制尚未形成，科普融合创作滞后，原创优质科普资源匮乏，缺乏有效推进科普信息化的支撑环境和体制环境。2015 年中国科协对公民科学素质的调查显示，中国公民通过互联网获取科技信息的比例，从 2010 年的 26.6% 增长到 2015 年的 53.4%，远远落后于中国互联网用户数量增长。要想实现科普资源用户留存时间、观看时长的提高，必须充分运用先进的信息技术有效地连接科普人才、科普资源，丰富科普内容，创新表达形式。通过新的网络媒体，运用市场机制建立多元化的运营方式，进而满足个性化的科普市场需求。

（三）科普应适应公众的碎片化阅读需求

科普必须适应科普受众阅读时间碎片化，移动终端化、小型化，信息海量化的趋势，这是科普改革的现实需求。满足碎片化阅读需求的方式多种多样，如图文报、微信、微视频、微博、富文本、图形图像等。网民通过各类终端，特别是手机等移动终端接收科普信息后，会形成不完整、弱连续的碎片化阅读体验。

碎片化阅读的特征是科普受众的注意力集中时间较短，阅读耐心逐渐降低。以科学性见长的科普作品，必然会受到当前传播渠道、传播手段和阅读方式变革的冲击。科普作品在保留和发扬自身科学严谨性的重要优势的同时，必须更加贴近科普受众的阅读习惯，适应新的表达环境和表达需求，即将科普的内容化整为零，在科普内容选题上围绕同一主题对科普内容进行重新解读、重构、梳理、聚合和贯通，形成一个又一个独立又鲜明的科普短单元，并对科学语言进行重述，表达明确的科普知识模块，提供明朗的、可供筛选、便于检索的科普语言库，以便提升受众的阅读质量和审美价值。

（四）科普活动较为死板

富媒体化是指将内容以视频、音频等多种方式进行表达。通过图像、文字、声音、动画相结合的方式对科普内容进行呈现，在其中增加一定的互动性，可以激发公众接受科普的主动性，增强科普受众的阅读兴趣，提高科普的传播效率。在移动互联时代，用户阅读从简单的文字接收转向图像、图片、影音接收，单纯的使用图片、文字等静态单向方式来呈现科普内容，已经无法满足科普受众的需求。特别是一些相对复杂的前沿科技论文和较为复杂的技术内容，需要一系列的有科学深度的解读与分析，并且需要多个领域的知识对接，仅用文字或简单图片展示显得死板落后，很难抓住受众眼球。特别是在快节奏的生活中，冗余的文字介绍常常会使科普受众望而生畏。

第四节　科普供给侧结构性改革所希望达成的目标

通过对科普现实存在的问题的分析，以及应用科普统计和综合评价等定量方法对科普领域管理人员和从业人员进行的问卷调查，可得出科普供给侧改革的三个主要目标。

一、提高科普供给效能

科普供给侧结构性改革面临着从科普供给到科普需求的传递问题，其主要难题是科技创新与科学普及的脱节，我国科普受众对科学的认知水平不但没有随着科技研发投入的增长而提高，封建迷信、反科学等现象反而屡禁不绝。

二、实现科普多元化供给

科学普及要适应分众化、差异化传播趋势，充分利用互联网、新媒体等大众传媒，增强科普的吸引力和感染力。好的科普内容，要通过生动的形式、多样的手段表达出来，一个主题要有多种传播方法，科普工作要活跃起来、有趣起来，充分发挥新媒体的即时性、便捷性、海量性、交互性、共享性优势，充分利用信息技术和互联网特别是移动互联网的手段，主动适应公众阅读习惯的变化，通过科普网站、手机、移动电视等媒介和微博、微信等平台，更多采用图示、图片、微视频、动漫、有声读物、互动游戏等形式开发相应的科普产品，提高科普传播效果，加快构建科普传播新格局。

决定科普效果的因素，除了多元主体参与、高质量内容供给以外，还需要创新科普手段和方式。现在，社会公众需求越来越多样、参与意识越来越强、思想观念越来越多元，科学普及日益呈现人人传播、多向传播、海量传播的特征。单向、平面、受制于时空的传统科普方式已经是“力不从心、难以为继”，科普图书、科学报道仍是主要传播方式。尽管电视台、电台也制作播出了一些科普节目，但是由于制作水平所限和播出时段、频道制约，收视率和收听率不高。

三、提高科普供需匹配程度

科普工作者应对科普需求进行精准把控，了解科普受众的真实科普需求，在如何实现对不同受众和科普重点人群进行精准科普方面下功夫。同时，要提高科普供给的创新能力，破除科普供给中的焦化思维，对科普供给的产品进行精准分类、精准匹配。进行科普公共服务模式创新，把先进的信息技术应用到科普公共服务中，使用大数据、互联网方式对科普需求进行准确感知，建立基于信息技术的科普生态体系，将大量科普资源、科普场馆、科普基础设施、科普优秀人才纳入统一的科普系统，构建支撑创新的科普管理体系，完善国家科普法律、法规、制度保障。

Chapter Five

第五章

北京市科普供给侧改革的经验与启示

科学普及作为实现创新发展的两翼之一，具有和科技创新同等重要的地位。在中国进入高质量发展阶段的新时代，全面加强科学技术普及，进一步提高全民科学素质，已经成为持续增强国家创新能力和国际竞争力的基础性工程。而供给侧结构性改革为推进科普创新发展提供了关键的突破口。目前，从全国科普工作的实际来看，各省市在科普供给侧结构性改革方面进行了积极的尝试，不断探索提升科普工作质量效益的创新举措。本章从科普制度实施、科普产业培育、传播方式创新、科普主体参与等维度，对北京开展科普供给侧结构性改革的创新途径和构想进行阐述和分析。以此提出科普供给侧结构性改革的建议。

第一节　北京市科普供给侧改革的创新途径

一、坚实推进联席工作会议制度改革

北京市根据科普法、科普条例有关规定，结合全市科普工作实际需要，按照“政府主导、社会参与、多元投入、市场运作”的方针，加强组织引导，注重资源配置，形成了在科普工作联席会议框架下，市、区两级政府共同推进科普发展的工作体系。近年来，北京市科委通过科普政策制定、科普专项资金引导等方式，推动政府科技部门主导、相关部门和各区协同推进、社会机构共同参与具有首都特色的社会化大科普新格局的蓬勃发展。

在北京市科普工作联席会议制度的统筹推进下，各成员单位和各区紧密结合首都城市功能定位和各自职责，开展了各具特色的科普工作，持续推动本市公民科学素质提升。

（一）科学思维和决策水平显著提升

举办领导干部系列讲座、公务员科学素质大讲堂等科学素质教育培训，使广大公务员进一步理解科学发展、科技进步的重要意义，促进公务员全面提升科学素质和科学管理水平，为提高全民科学素质发挥示范引领作用。搭建北京干部教育网等“互联网 +”科普培训平台，使领导干部和公务员随时随地通过手机、计算机学习掌握最新的科技知识。

（二）科技资源科普化能力增强

深度推进科技资源转化为教育资源，强化创新过程教育，形成了“在科学家身边成长”的青少年后备人才培养模式。市教委深入推进“翱翔计划”“雏鹰计划”“青少年科技创新能力建设工程”，积极探索基础教育阶段人才培养方式的创新，通过户外拓展、科技创新作品大赛、科技沙龙等活动鼓励学生树立参与世界科技竞争的远大志向。各区中小学建成多领域科学探索实验室近 80 个，激发中小学生的科学探索热情。市教委、团市委、市科协、市地震局、市气象局等部门分别开展了以北京学生科技节、青少年科技创新大赛、首都大学生“挑战杯”为代表的各类科普活动千余项，营造了爱科学、学科学、用科学的社会环境。

（三）科普覆盖范围显著扩大

科普联席会议制度拓展了科普活动组织的广度。例如，市总工会等部门积极搭建平台，举办职工创新成果推广活动，参与职工 150 多万人，涉及成果 1.5 多万项。举办职工技能大赛，参与人数超过百万人次。创建职工创新工作室近500家，覆盖新材料、新能源等首都重点发展领域。设立职工职业发展助推资金，惠及5 000多人，在全市形成了崇尚创新、渴望创新的社会氛围。

（四）科普下乡和农村创业紧密结合

市农委、市财政局、市民政局、市妇联等部门实施推进科普惠农兴村计划、社区科普益民计划、农民致富科技服务套餐配送工程、六型社区和巧娘工作室建设。开办农民田间学校800所，建成农村科普示范基地近200家，培养农民乡土专家、科技示范户、新型农民近2万人。推广12396农村科技信息服务公益热线，建设北京农业信息网科普专栏，受益农民4万多人次。

二、科学部署科普产业发展

（一）北京科普产业发展较快且形成了一定规模

2018年6月，《中国科普产业发展研究报告》的数据显示，目前我国科普产业的产值规模约为1 000亿元，主要分布在京津冀、长三角地区以及广东和安徽等地，而2017年北京科普产业的总产值已经达到300亿元。从京津冀地区科普企业的数量指标来看，该地区共有科普企业156家，其中北京有77家，占总数的49.36%，主要从事科普出版、影视广播、会展、科普活动体验等。这些数据表明，北京市已经具备了打造科普产业生态圈的产业基础，能够在一定程度上满足产业生态圈的上游、中游和下游产业的配备。

（二）坚持技术驱动北京科普产业发展

产业内要形成产业发展所需要的科研、设计等要求。北京市科普产业发展主要依托现有高等院校、科研院所等科普教育基地，它们为科普产业的发展提供了源源不断的、高质量的上游产品，如科普原创产品、科普图书等。北京市作为全国高等院校的中心，聚集了很多著名高校，保证了科普产业的高质量发展。

劳动维度主要是要有与产业发展相配套的劳动大军与专业人员队伍。北京科普从业人员占全国的比重在近年来呈现逐渐递增的态势，且在全国位居前列。无论是科普专职人员、兼职人员还是科普创作人员，北京市从事科普产业的人才队伍具有明显的优势，这就为打造科普产业生态圈提供了充足的人力资本，能够在较大程度上发挥人才优势（见图 5－1）。

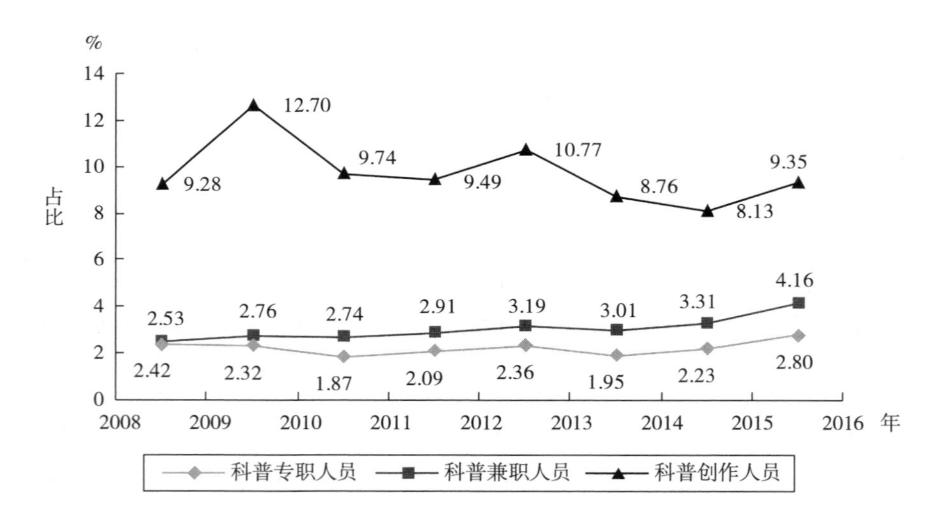

图 5－1　北京市科普人员占全国比重

（数据来源：《北京科普统计年鉴》）

三、推进多元化科普基地建设

北京市调动各部门的积极性，形成了各部门联动开展科普工作的良好机制，充分依靠科协、工会、共青团、妇联、社科联等社会力量开展科普工作，将行业工作与科普工作有机结合，挖掘各自特色和资源优势。通过项目征集、政策推动，引导高校、科研院所、企事业单位等参与科普工作。通过建立科普基地联盟、科普资源联盟等专业组织，开创科普资源开发与共享的新模式，为市民提供更优质的科普服务。

北京科普基地联盟作为国内首家科普联盟，聚合中国科技馆、中国农业博物馆、北京自然博物馆、北京天文馆、首都博物馆、北京规划展览馆、中国科学院中关村科技教育园区、中国电影博物馆、首都师范大学、中国科学院高能所、北京排水科普馆、“索尼探梦”科技馆、北京电视台、北京科技报社等北京地区乃至国内顶尖科普教育场馆、科普产品研发机构、科普传媒机构等科普主体，每年通过组织开展科普讲解大赛、科普微视频大赛、优秀科普活动展评等科普活动，搭建了共享共建、互惠互利、共创共赢的科普工作平台。

近年来，北京市科委通过科普专项资金的支持与引导，鼓励更多的社会力量融入科普工作体系。例如，北京市科委在科普专项中设立了科普基地科普服务体系建设项目，通过社会征集和专家评审的方式，遴选并推出了一批面向群众、贴近生活的科普服务，其特点是项目实施单位要组织不少于10家北京市科普基地，并整合利用这些科普基地的资源开展科普服务，形式不限于竞赛、巡展、科学表演、科学之夜等。通过这样的手段，加强了北京市科普基地之间协同联动、合作共赢的工作机制，提升了全市科普基地的整体服务水平。

四、依托科技活动周扩大北京科普品牌影响力

北京科技周作为公众参与度高、覆盖面广、社会影响力大的科普

活动，在一年一度的组织中形成了良好的品牌，已经成为推动北京科普事业发展的标志性活动和重要载体，在推动社会公众理解科技、传播科技、应用科技，提高公众科学素质方面发挥了重要作用。本节以北京科技周为例，从科普活动开展的视角，分析了科普供给侧结构性改革的举措与经验。

（一）北京科技周开展的背景

1994 年底，中共中央、国务院颁布《关于加强科学技术普及工作的若干决定》，倡导利用“科技周”“科技节”等群众喜闻乐见的形式开展科学普及活动。1995 年初，中共北京市委、北京市人民政府决定于每年的 5 月举办全市性的大型科普活动——北京科技周。1999 年 1 月，于每年的 5 月举办北京科技周，被正式列入《北京市科学技术普及条例》。2001 年，国务院批准每年 5 月的第三周为“科技活动周”。

自 2011 年以来，北京科技周与全国科技活动周一直是同一个主题、同一个主场举行。北京市科委充分发挥科普工作联席会议机制的作用，认真研究制订科技周实施方案，调动各方面的积极性和创造性，举办科技成果展示、科普产品展示、科研机构向社会开放、科普志愿者行动等一系列丰富多彩的群众性科技活动。同时组织动员各类新闻媒体深入基层，及时全面地宣传科技活动周情况。加强电视科普宣传、重视新媒体科普宣传，创新科普宣传方式，拓展科普宣传载体，扩大科技周的覆盖面和影响力。

北京科技周自举办以来，从活动主题、展示内容、活动形式、活动宣传等方面不断创新，满足首都市民日益增长的科普需求。在活动主题上，紧跟形势变化，持续创新，紧贴群众需求；在展示内容上，突出新颖，始终坚持将最新的科技成果和科普项目在科技周上展出，引领首都市民科学生活新风尚；在活动形式上，科技周始终强调互动、体验、好玩；在活动宣传上，北京科技周主场活动开创了电视节目现场直播的先河，每年科技周期间，电视、报纸、网络、微博等媒体不间断地报道科技周的现场盛况，形成了全方位的立体宣传网络。

在科技周各类资源的筹备上，北京市政府采取政府办展和市场化运作并举的方式，探索新的运作模式。主要通过采用政府购买服务的方式，经过招标采购，引进专业会展公司进行运营总承包。政府负责科技周的总体策划、总体宣传、安全保障、重要来宾接待、安全保卫等工作，从大处着想、从细节入手，做好各种安全保障预案，做好服务保障。专业公司负责展馆搭建、展品布展、展商接待等可进行市场化运作的相关工作。十余年的科学普及专项培育提供了丰富多样的展品，2007—2017 年，北京市科普专项社会征集累计支持项目 800 多个，重点围绕互动展品研发、科普展厅建设提升、科普影视作品制作、科普图书创作和中小学科学探索实验室建设 5 个方面内容，有效促进了高校、院所、企事业单位开放共享科普资源、拓展科技传播渠道，激发了社会力量参与科普的主动性与潜在活力，尤其是科普图书和科普展品为科技周提供了丰富的展品来源。

（二）北京科技活动周的经验

政府组织协调，充分发挥社会各界作用。市科委各处室、各直属中心充分调动组织力量，从推荐项目到会展的服务保障多方面充分配合。除此之外，充分发挥市科普工作联席会议制度优势，市区联动，营造全社会科技周活动氛围。各成员单位、各区立足行业科普资源优势，举办丰富多彩的品牌活动。各高校院所、各科普基地向社会开放，讲解相关科技知识，让公众近距离接触科研活动，感受科技创新的魅力。

历年北京科技周都会在市科委官网上发布遴选展项的通知，通知发出后社会各类创新主体踊跃参展，围绕全国科技创新中心建设重点任务，广泛征集数学、物理、化学、天文、地理、生物等基础学科方面的互动体验展品展教具；与基础前沿、关键技术、大科学装置等科技创新成就相关的科普化展品；互动性、体验性强的新技术新产品。市科委每年能收到来自各类创新主体的近300份展项申请，如2017年总共收到284份展品申请，按领域来划分，工业设计类展项最多，占比为18%；农业类展项次之，占比为11%。2018年总共收到展项申请255份，十大“高精尖”产业展项最多，占比为25.4%，每年从社会各界征集到的展项为北京科技周的成功举办打下了坚实的基础（见图5－2、图5－3）。

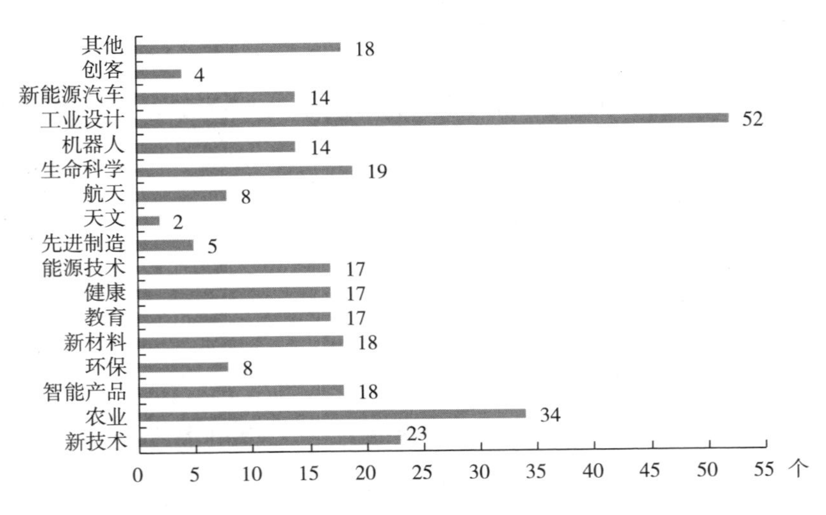

图5－2　2017年北京科技周展项申请情况

科普志愿者作为科普工作的一支重要力量，在开展科普宣传、科技咨询、科技培训、科技下乡等多种形式的科普活动方面发挥了积极

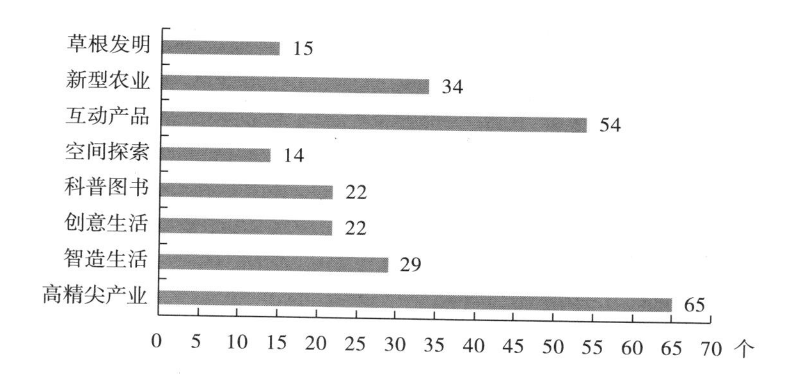

图 5－3　2018 年北京科技周展项申请情况

作用。2017 年北京地区拥有科普人员 5.1 万人，每万人口拥有科普人员 23.49 人（北京市 2017 年常住人口 2 170.7 万人）。其中，科普专职人员 0.81 万人，占科普人员总数的 15.84%；科普兼职人员 4.30 万人，占科普人员总数的 84.16%；专职科普创作人员 1 269 人，占科普专职人员的 15.71%；专职科普讲解人员 1 713 人，占专职科普人员的 21.21%。兼职科普人员年度实际投入工作量 4.88 万人/月，人均投入工作量 1.13 个月。注册科普志愿者 2.37 万人。2018 年，在举办科技周的 8 天内，志愿者发挥了重要的服务保障作用，包括安检、秩序维护、展品介绍、紧急救援等，志愿者服务能力全面提升，增进了观众对展品的了解和认知，提升了观众参展的综合体验。对志愿者个人来说，参与北京科技周活动既丰富了人生阅历，又表达了责任感和友善心。

第二节　北京市科普供给侧改革的经验与启示

一、加强科普人才队伍的建设，优化科普人才结构

科普人才是科普工作开展的坚实基础。在中国，科普专业人员较

为缺乏，使科普教育水平无法从根本上得到提升，因而培养一支能带动科普教育工作的专业化的队伍就显得尤为重要。科普人才队伍的建设要从以下几方面着手。

一是要稳定专职科普人才队伍。通过高校培养、科普基地培训、再教育和外出参观学习、科普项目资助、组建科普工作室等方式，培养科普专职人才；通过设立科普专业技术职称系列、实施政策保护、优化环境等措施，稳定专职科普人才，重点培育一批高水平的科普场馆专门人才和科普创作与设计、科普研究与开发、科普传媒、科普产业经营、科普活动策划与组织等方面的高端科普人才。

二是要壮大兼职人员队伍。实施鼓励和优惠政策，鼓励和支持科技工作者和大学生志愿者投身科普事业，壮大兼职科普队伍，努力使其成为科学传播的把关者、科普活动的主导者和示范引领者，并有效发挥现有科普讲师团、科普志愿者的作用，把科学带给千家万户，让公众理解科学。科普基地要活化外联合作机制，实行“走出去，请进来”的开放式人才培养和使用机制，如与高校建立双向的实训基地，高校为从业人员提供专业化科普、科技传播的在职回炉教育、知识技能更新和了解科技前沿信息的学习平台，基地为在校大学生提供业务实战的实习；与同行业界实现诸如“人才互换”的共享制度；聘任相关专家担任基地顾问，指导和参与基地日常科普工作，通过这种“请进来”的方式，直接或间接地优化基地人才结构。

三是要扩大志愿者队伍。通过建立科普志愿者协会、科普志愿者服务站等组织和提供参与科普实践的机会，在老科技工作者、高校师生、中学生、在职科研人员、传媒从业者等人群中积极发展科普志愿者队伍；通过农村科普人才的培养、依托社区活动培养社区科普宣传员、建立社区科普人才培养培训基地和鼓励高校、科研院所、企业、科普基地等企事业单位和部队科技（普）人才积极参与社区科普活动等方式，大力培养面向基层的科普人才；建立健全高水平科普人才的培养和使用机制，形成高端科普人才的全社会、跨行业联合培养与共享机制，重点培养一批高水平、具有创新能力的科普场馆专门人才和科普创作与设计、科普研究与开发、科普传媒、科普产业经营、科普活动策划与组织等方面的高端科普人才，特别要面向未来，培养大批文理兼容的优秀中青年高端科普人才。

二、持续推动科普经费投入多元化发展，优化经费投入结构

科普工作的有效开展越来越需要全社会的广泛参与。近年来，北京市在带动社会力量开展科普教育方面取得了一些成效，但目前科普教育经费仍以政府投入为主，科普经费来源渠道较为单一。面对当前北京科普经费不足的困境，为促进科普持续稳定发展，需要广泛调动社会各个方面的力量参与科普。

第一，建议建立从政府到民间的各类科普基金，以有效地吸纳社会中个人、团体、企业直至海外的各种对科普事业的捐赠或赞助，形成对科普工作多层次、多方位的资金投入机制，促进科普事业的繁荣发展。中国科学院科技政策与管理科学研究所政策研究室副研究员朱效民博士说："人类科普事业发展到今天，科学普及已不仅仅服务于科技事业的发展本身，同时也要服务于现代文明社会的协调、可持续发展，以及服务于当代社会公众个人生活质量的提高（更好地适应和参与现代社会的发展进步）。"因此，科学普及在今天已不再是某些个人、某个团体的自发、业余行为，而是政府的事业、全社会的事业，其本质是社会公益性的，应建立政府积极主导、社会广泛参与、市场有效推动的运行发展机制。例如，各种专项科普基金的建立，可以大

大推动科普事业大踏步的发展。要继续加大对科普基地的政策资金扶持力度。科普作为公益事业，政府仍为投入主体，与此同时，要不断拓宽融资渠道。科普基地要充分把握市场经济运行规律，扩大融资渠道，广泛吸引企业参与科普基地的建设和运营开发，要逐步建立和形成政府和主管单位投资为主体、企业投资为支撑、社会融资为补充的多元化投资渠道，从而汇集大量的社会资金投入科普基地的建设与运营开发。

第二，鼓励科普场馆和科普基地充分把握市场经济运行规律，扩大融资渠道，广泛吸引企业参与科普基地的建设和运营开发。要逐步建立和形成政府和主管单位投资为主体、企业投资为支撑、社会融资为补充的多元化投资渠道，从而汇集大量的社会资金投入到科普基地的建设与运营开发。

第三，加强政府引导，促进科普经费投入兼顾软硬件建设。科普的基础工作系统既包括围绕主题科普的配套硬件设施，也包括科普主题活动的策划、科普展品展示内容的策划和更新、科普人员素质提升等配套软环境的建设，二者是开展科普工作的重要基础保障，必须同时兼顾。因此，政府应充分发挥自身的引导作用，出台灵活的引导和鼓励政策，引导社会资本分别向科普硬件设施和软环境建设投入，强化科普基础能力。

三、促进科普与文化的融合，不断创新科普内容和形式

科普内容是向公众开展科普的最直接的资源，科普内容的好坏决定了科普的效果。好的科普内容，不仅能吸引公众，而且能够使公众深刻理解科学，达到科普的理想效果。因此，要鼓励广大科普爱好者不断创新科普内容。特别是文化软实力的作用在国家综合国力竞争中

越来越凸显的今天，在科普内容创作过程中牢固树立科普与文化融合理念，提升科普的吸引力、影响力和传播力，就显得尤为重要。科普场馆和科普基地，应注重依托自有资源，充分挖掘文化元素，把丰富科普剧目、科普影视作品或科普展览的内容和形式作为创新科普传播方式的突破口之一，将文化与科普有机融合，产生丰富的精品科普创作，吸引更多观众前来参观，在提升科普文化传播力的同时，促进科普场馆和基地的可持续发展。在科普创作中，充分挖掘民间艺术文化，将新的科普理念、科普知识和科学技术融入群众喜闻乐见的方式中，使之得到普及推广，增强科普文化传播力。

四、进一步推进科普产业化的进程，调动社会广泛参与科普的积极性

科普产业化是实现科普社会化格局的有效途径，北京要加快科普社会化的进程，应在坚持政府主导的基础上，按照市场机制，积极培育发展科普产业，引导社会力量参与科普产品研发与生产，拓展传播渠道，开展增值服务，带动模型、教具、展品等相关衍生产业的发展。

一是加大对原创科普作品的支持力度。探索设立科普创作基金，建立科研人员、科普工作者、专业编辑联合开展科普图书创作的激励机制。创作系列科普专题片、微视频、纪录片和公益广告，并在中央电视台、北京电视台等主流媒体播出，打造《科学达人秀》《科学脱口秀》等一批益智类专题节目和栏目。支持原创科普动漫作品和游戏开发、开展技术和创意交流，加大传播推广力度。推动科普产品研发与创新，实施标准化战略，建设科普产品研发基地，引导社会力量研发科普展品、教具等。

二是加强科普产业市场培育。统筹科普产业资源，推动成立科普产业创新联盟，加强科普产业的引导管理。围绕科普产品创作、研发、推广等环节，建设一批科普产业聚集区，形成若干科普产业集群。依托高科技企业、科研院所、大专院校等建立科普产品研发中心，推动社会力量投身产业发展，推动科技创新成果向科普产品转化。充分发挥市场配置资源的决定性作用，举办科普产品博览会、交易会等，打造国际化科普资源和科普产品展示、集散、交流中心。通过政府采购、定向合作等手段，重点支持一批社会经济效益显著的龙头企业，拓展新市场和新业务领域，壮大科普产业，调动社会力量广泛参与科普。

五、推进科普发展协同化，构建大科普格局

科普工作是一项系统的、社会性的工作，需要的人力、物力较多，需要时间较长，必须依靠社会各界力量，有效调动其参与科普的积极性，并整合各类科普资源，形成政府主导、社会广泛参与的工作格局。只有多方面共同推进科普工作，才能使公民科学素质建设得到快速有效的提升。今后，北京需重点面向社会开展科普资源共建共享试点，积极推动不同权属科普资源的集成，探索建立多方参与、协同合作的科普资源共建机制，加强与国内外的合作与交流，提升北京市科普水平和传播理念，促进北京市科普工作的国际化发展。建立与京津冀、长三角、珠三角等区域的科普合作机制，提升首都科普集聚与高端辐射能力。建立市级与区县级以及区县级之间的科普互动合作机制，缩小地区科普工作水平的差别，促进科普一体化。

具体而言，一是要推动全社会参与科普工作。充分发挥中央在京单位的资源优势，搭建良好的央地协同发展和共享机制。调动各部门

和各区的积极性，形成联动开展科普工作的良好机制。充分依靠科协、工会、共青团、妇联、社科联等社会力量开展科普工作。引导高校院所、企事业单位和社会人群等参与科普工作。将行业工作与科普工作有机结合，挖掘各自特色和资源优势。通过组建科普基地联盟、北京科普资源联盟等，搭建互惠互利、共创共赢的科普工作网络，实现科普资源开发共享。实施公众参与创新行动计划等活动，通过项目征集、政策推动，提升公众参与度。

二是要加强区域科普协同发展。积极推动成立京津冀、北上广、京港澳台等区域性科普联盟，在创新方法培训、科普资源共享、科普人才交流等方面开展深度合作，并建立常态化的区域科普合作交流机制。深入开展京津冀科普之旅、设计之旅、科技夏令营、冬令营等主题科普活动，有序推进与长三角、珠三角、港澳台等地区科普资源的共享和相互转移，切实加强对内蒙古、新疆、西藏等地区的科普帮扶工作。

三是要大力开展国际科普交流与合作。拓展国际视野，充分利用全球创新资源，搭建常态化的国际合作平台。建立科普人才培训、科普产品研发、科普展览举办等方面的国际交流与合作机制，全天候为中外科技场馆实时对接服务。重点加强与“一带一路”沿线国家和地区的交流与合作，拓展科普的渠道和领域。切实推动国内外科普组织共同举办科学嘉年华、北京诺贝尔奖获得者论坛等一批水平高、影响大的科普活动，推动北京地区高层次科技人员加入有代表性和影响力的国际科技组织。

Chapter Six

第六章

科普供给侧结构性改革的对策与实施路径

第一节　建立、发展及完善科普联席会议制度

科学普及是社会化的系统工作，科普学科、科普组织以及科普产业链组成一个庞大的系统，必须通过机制的创新让更多区域、更多机构、更多个人参与到科普工作中来。本节以科普工作联席会议制度为例，阐述科普供给侧结构性改革的制度创新。

随着中国科技事业的进步和时代的变化，科普工作在国家科技事业发展全局中的位置不断提升。为更好地提升科普工作水平，为全国科普作出表率，北京市从科普制度、科普设施、科普活动、科普产品等多维度全面推进科普事业创新发展，特别是在制度源头上，建立科普工作联席会议制度，为科学、合理地指导科普实践提供制度保障。

一、国家指导意见

1994 年 12 月，中共中央、国务院下发了《关于加强科学技术普及工作的若干意见》（以下简称《意见》），对科普工作的战略意义、加强对科普工作的领导、科普工作运行机制等根本性问题做出了明确规定。《意见》中提出，“要进一步加强与改善党和政府对科普工作的领导。科普工作是国家基础建设和基础教育的重要组成部分，是一项意义深远的宏大社会工程。各级党委和政府要把科普工作提上议事日程，通过政策引导、加强管理和增加投入等多种措施，切实加强和改善对科普工作的领导”。这是新中国成立以来党中央、国务院共同发布的第一个全面论述科普工作的纲领性文件，对推动全国科普工作起到了重要的指导作用。

1996 年 4 月，由国家科委、中宣部、中国科协、国家计委、国家

教委、财政部、中国科学院、全国总工会、共青团中央、全国妇联等部门组成的全国科普工作联席会议制度建立，加强了对全国科普工作的统筹管理和组织协调。

二、科普立法为科普联席会议制度提供了法律保障

2002年，第九届全国人民代表大会常务委员会第二十八次会议通过颁布《中华人民共和国科学技术普及法》，首次以法律的形式对我国科普的组织管理、社会责任、保障措施、法律责任等做出规定。《中华人民共和国科学技术普及法》第十一条规定："国务院科学技术行政部门负责制定全国科普工作规划，实行政策引导，进行督促检查，推动科普工作发展。国务院其他行政部门按照各自的职责范围，负责有关的科普工作。县级以上地方人民政府科学技术行政部门及其他行政部门在同级人民政府领导下按照各自的职责范围，负责本地区有关的科普工作。"

科学、合理的科普工作运行管理机制是科普事业发展的关键环节和重要保障。北京市在科普工作的推进过程中，充分发挥了科普联席会议制度在规划、指导、组织、协调等方面的作用。

科普工作的推进离不开强有力的公共政策支持，科普政策为科普工作的顺利开展提供必要保障。科普政策是指导和管理本部门科普工作的行为准则，在制度建设、规划制定、资源配置、组织建设、协作机制等方面发挥重要作用。

第二节　打造科普产业生态圈

科普产业是科技、经济与文化的结合点，作为科技、经济、文化

的产业群，正在成为我国公民科学素质建设和国家软实力建设的重要增长点。2002 年，《中华人民共和国科学技术普及法》明确提出，国家支持社会力量兴办科普事业，社会力量兴办科普事业可以按照市场机制运行，指明科普要走产业化的道路。2006 年，《全民科学素质行动计划纲要（2006—2010—2020）》再次强调制定优惠政策和相关规范，积极培育市场，推动科普文化产业发展，进一步明确了科普产业发展的重要性。2014 年，《关于加快科技服务业发展的若干意见》将科学技术普及服务作为科技服务业的重点发展领域，赋予其科普的服务属性和产业形态。近年来，在全面实施创新驱动发展战略的背景下，作为创新发展两翼之一的科学普及发展迅速。伴随科普的快速发展，我国科普企业发展提速，目前已经形成了包括科普展教、科普出版、科普影视、科普教育、科普网络信息业等在内的具有一定规模的科普业态，部分科普产业发展态势良好，显现了一定的产业融合趋势。因此，为更好地引领科普产业绿色、高效发展，需要推动科普产业生态化，构建科普产业生态圈，整合与科普产业相关联的上游、中游和下游企业，促进其协同发展，实现整个产业的均衡、有序发展。尤其是作为全国科技创新中心的北京，拥有强大的科技资源禀赋，科普产业发展也居于全国前列，构建科普产业生态圈、打通科普产业全链条、实现科普产业集群式发展，对于推动科普供给侧结构性改革具有重要意义。

一、构建科普产业生态圈的必要性

（一）科普产业圈的概念

生态圈的概念，最初起源于生物圈。生物圈是地球上的生命地带，是一个闭合系统，系统在很大程度上是自我调节的，这种调节表现在生命物质之间、生命物质与非生命物质之间。国际上最早定义“生态圈”的学者是来自奥地利的地质学家休斯（E. Suess），他于1875年提出，生态圈是指地球上有生命活动的领域及其居住环境的整体。1935年，英国生态学家坦斯利（Tansley）明确定义生态圈为“有机体与物质因素共同组成的物理系统”，赋予生态圈明确的定义。随后，生态圈的概念逐渐在相关领域得到拓展，20世纪90年代，经济产业领域开始使用生态圈概念。

产业生态圈是指某种（些）产业在某个（些）地域范围内业已形成（或按规划将要形成）的以某（些）主导产业为核心的、具有较强市场竞争力和产业可持续发展特征的地域产业多维网络体系，体现了一种新的产业发展模式和一种新的产业布局形式。国内学者将其引入不同的产业和行业，对产业生态圈的研究逐渐深入。马勇等将产业生态圈的概念引入旅游业领域，李春蕾等将其引入旅游物流业，钱小聪将其引入大数据产业等。但是，梳理现有文献后发现，产业生态圈的概念还未引入科普领域。在地方科普实践中，科普产业生态圈的提法也并不多见，这足以表明科普产业生态圈具有广阔的发展空间和良好的发展前景。

本书认为，科普产业生态圈是指基于协同理论和产业集群理论构建的，由若干科普产业横向、纵向交错融合组成的科普产业链，由生产维度、科技维度、劳动维度和政府维度四大维度构成，是具有专业属性、核心产业、创新特性和可持续性的一个虚拟的产业生态圈。科普产业生态圈将与科普产业相关的上游、中游和下游企业整合起来，取长补短、相互协作以实现合作共赢，使科普产业生态圈保持平衡，实现均衡有序发展。

虽然科普产业规模不断扩大，产业融合趋势初现，但是要加快打造科普产业生态圈，就必须用系统性、多维度的产业发展思维，构建适宜科普事业现实、满足科普事业需要、对接科普事业未来发展的产业生态圈。因此，要明确构建科普产业生态圈的构建思路，即科普产业生态圈要坚持在协同理论、产业集群理论和可持续发展理论的指导下，突出专业属性、核心产业、创新特性和可持续性，在生产、科技、劳动和政府四大维度上实现科普产业全链条、多维度、多领域合作，进而打造产业互促、集群发展、绿色高效的科普产业生态圈的最终目标（见图6－1）。

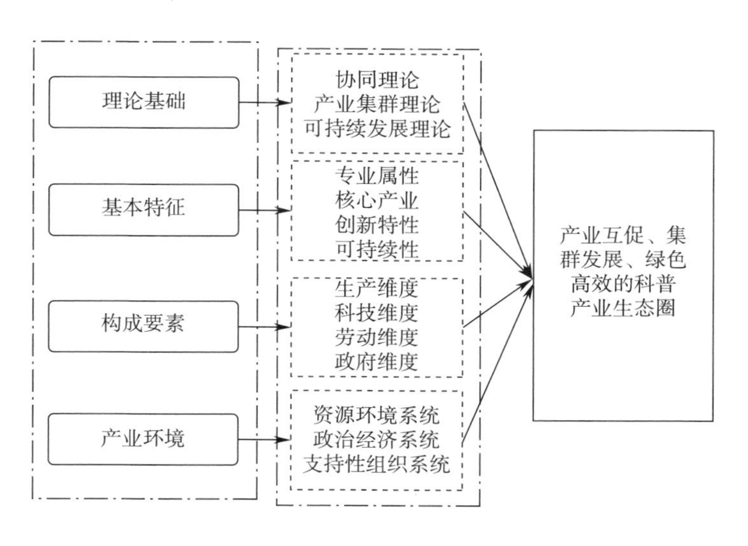

图6－1　科普产业生态圈构建思路

科普产业生态圈的产业环境，主要由资源环境系统、政治经济系统和支持性组织系统三大系统构成。其中，资源环境系统为科普产业的发展提供了必要的资金和技术支持；政治环境决定了科普产业发展的定位和目标方向；经济环境决定了科普产业发展的产业链条是否合理；支持性组织系统包括为满足科普产业发展而建立的行业协会或者中介组织，它们为科普产业的发展提供技术和发展建议，提供必要的精神支撑。

（二）科普产业生态圈的基本特征

专业属性，即突出科普特征。科普是指利用各种传媒，以浅显的，让公众易于理解、接受和参与的方式向普通大众介绍自然科学和社会科学知识，推广科学技术应用、倡导科学方法、传播科学思想、弘扬科学精神的活动。科普产业生态圈就是要强化科普作为提升公民科学素质有力抓手的作用，力争产业协同发展，打通与科普相关联的企业或产业界限，达到宣传科学知识、提升科学素质的目的。

核心产业，即具有明显的产业专业化特征。要有区别于其他产业，且表现出高程度产业专业化的核心产业或核心技术，突出科普产业的核心竞争能力。在科普产业生态圈中，要围绕核心产业，发展形式多样、品类突出的子产业。科普产业生态圈不是简单的产业串联，而是要以核心产业为发展内核，逐渐向外延伸，扩大科普产业影响。如果科普产业生态圈没有核心产业支撑，则不会形成对外竞争力，也就失去了打造产业生态圈的初衷。

创新特性，即要具备与建设创新型国家相匹配的创新型产品和创新型产业。根据现代制度经济学理论，产业的蓬勃发展与产业组织及相关制度的创新有十分紧密的联系，二者密不可分。科普产业作为新兴产业，不能够墨守成规，应该突破现有产业发展模式，高起点、高规划，增强科技内涵，提升创新创造能力。科普产业应该结合创新创业热潮，培育经济转型升级的新支点，明确科普产品的特征，实现内涵式发展。

可持续性，即科普产业生态圈内的所有产业不是临时搭配，也不应该是简单意义上的地域积累，应该是具有竞争力、可持续力的产业集群。某产业是否具有生命力，关键看其是否能够实现可持续发展。如果产业发展和布局不符合生产力的要求，不适应时代发展的需要，则很难长久发展。为此，科普产业生态圈应该立足长远发展，透过产业内部发展规律，实现可持续发展。构建科普产业生态圈是全面提升我国科普事业发展、参与国际竞争、提升国际影响的重要保证。构建科普产业生态圈具有突出的时代发展需求。

（三）构建科普产业生态圈的必要性

1. 推动科普产业发展的有力平台

科普产业是以满足科普市场需求为前提，以提高公民科学文化素质为宗旨，通过市场化手段，向国家、社会和公众提供科普商品和相关服务的科普性活动。其核心产品是科普商品和科普服务，并经历创造、生产、传播和消费四个环节，最终达到向社会和公众普及科学知识、倡导科学方法、传播科学思想、弘扬科学精神的目的。打造科普产业生态圈，是整合科普产业、实现产业集群发展的必然选择。

2. 支撑创新驱动发展战略

在全国科技创新大会、中国科学院第十八次院士大会和中国工程院第十三次院士大会、中国科学技术协会第九次全国代表大会上，习近平总书记强调，科技创新、科学普及是实现科技创新的两翼，要把科学普及放在与科技创新同等重要的位置。发展科学普及是加快推进创新型国家建设，深入实施创新驱动发展战略的时代需要。为保障创新驱动发展战略稳步推进，需要进一步加快科普事业发展，因此，调整科普产业类型和发展方向、搭建科普产业生态圈是引领科普产业实现绿色发展的必然选择。党的十八大以来，以习近平总书记为核心的党中央高度关注生态文明建设，大力推进绿色发展理念，在生态文明时代，推动科普产业生态化、构建科普产业生态圈是转变传统科普产业发展方式，注重生态效益与社会、经济效益综合提升的重要支撑。

3. 提升科普国际影响的必然要求

目前，与时代发展需要相比，我国具有国际影响力的科普品牌较少，社会化、市场化、常态化、泛在化的科普工作局面尚未形成。加快科技创新发展的基本原则之一就是要具有国际视野。要深度融入全球产业生态圈，加快推进产业链、创新链、价值链全球配置，增强国际高端业务的承接力，抢占产业链高端环节，提高国际规则制定话语权。打造科普产业生态圈，能够形成核心竞争力，打造极具发展潜力和优势的科普产业，为我国科普走向世界提供发展动力。

二、打造核心产业，完善生态圈核心链条

核心技术是国之重器，只有具有核心技术和核心产业，才能够打开市场，扩大影响力。科普生态圈的建设，要打造核心竞争力、引领行业发展方向，就需要突出核心意识，通过主动参与科普产业相关技术标准和规范的制定，打造科普品牌，将核心产业做大做强，增强对外辐射力，提升市场份额。打造科普产业的核心产业，是科普产业生态圈管理创新的必然选择，通过整合科普相关产业，打通科普上、下游企业，形成直接面向受众的科普产业链，使科普核心产业形成对内凝聚力和对外吸引力。

产业链的实质是不同产业的企业之间的关联，深挖品牌价值。这种关联从更深层次上讲，是各产业中的企业之间的供给与需求之间的平衡。在科普产业生态圈产业链的打造中，要立足科普产业，整合延

伸科普产业，促进不同科普产业之间的物质和能量的良性循环。通过不断创新新兴业态，紧紧围绕科普核心产业，实现各类产业的深度融合，形成更多的科普相关产业。通过延伸产业链条，将与科普相关的产业尽可能地向上下游拓深延展，推动科普产业转方式、调结构，引导生态圈的进化。

三、强化技术创新，实现科普产业开放共享

转变发展思维，才能够实现产业升级。传统科普产业发展具有孤立性，不能够很好地兼容其他产业，且科普产业发展存在散、小、弱的现象，市场化程度不高，竞争力不强。要打造具有高质量的北京科普产业生态圈，就必须要转变发展思维，打破传统产业发展方式，强化技术创新，拓宽发展思路，积极引入新业态，实现产业间融合发展。

“互联网+”是创新2.0下互联网发展的新业态，是知识社会创新2.0推动下的互联网形态演进及其催生的经济社会发展新形态。新技术的引入正在不断地颠覆着人们的生活和生产方式，传统科普产业亟待变革，而技术创新必然成为推动科普产业生态圈优化升级的重要手段。通过积极引入互联网技术，利用互联网思维，颠覆传统科普产业的发展方式。伴随着“互联网+”发展趋势，各行各业均将其作为关注的焦点，积极寻求跨产业融合发展，实现科普产业的开放共享，才能够汇聚更多的传统产业，形成较强的凝聚力。科普产业应该借助大数据、VR技术等让传统产业转变发展思路，开拓更多发展空间，让科普产业与受众形成良性互动，形成产业互促、集群发展、绿色高效的科普产业生态圈。

深化资源整合，就是将目前分布较为分散的科普产业集中起来，

强化科普产业上下游产业资源的优化，实现科普产业与其他产业之间的协同发展，最大限度地实现以北京科普产业为中心的产业集群，形成良性的产业竞争和互利共生关系。

四、发挥市场作用，树立共赢共生合作理念

由于科普本身具有较强的公益性质，目前科普工作更多的是由政府主导。但是，党的十八届三中全会审议通过的《中共中央关于全面深化改革若干重大问题的决定》提出了重大理论观点，即要使市场在资源配置中起决定性作用，更好地发挥政府的作用。这是深化经济体制改革的主线，科普产业生态圈的构建应该不断培育市场意识，政府更多地承担服务职能，树立共赢共生的合作理念。

政府应该强化监管，把政府职能转变作为深化经济体制改革和行政改革的关键。通过构建科普产业生态圈管理体系，建立企业间的管理体系，改革监管机制、创新监管模式、强化监管手段，保证科普产业市场有序进行。在金融支持、财政支持等政策上予以保护，进一步提高政府工作效能，推进产业集聚发展。

推进公益性科普事业与经营性科普产业并行发展，是科普产业生态圈尊重市场运行规律、实现市场化运作的必由之路。科普产业应顺应市场需求，倒逼科普产业供给，发挥市场机制对科普发展的调节作用，建立健全科普产业市场体系，积极盘活存量科普资源，挖掘具有高附加值的科普产业。

第三节　以创新驱动为主线、抓手扩大科普活动的影响力

随着“互联网＋”时代的到来和新媒体的兴起，科学普及呈现出

多元化的传播趋势：一方面，在传统传播方式上做大做强，如打造大型科普活动，形成品牌效应，增强科普传播效能；另一方面，充分利用互联网、新媒体等技术，开展科普信息化建设，创新科普传播方式，增强科普的吸引力和感染力。

一、促进大型科普活动形成品牌效应

科普活动是普及科学知识、传播科学思想、倡导科学方法、弘扬科学精神的重要载体，以其多样多元的形式、丰富的展品展项成为提升全民科学素质的有效手段，为新时代全面深入地实施创新驱动发展战略、加快建设世界科技强国营造了良好的创新文化氛围。全国科普统计数据显示，以科技活动周为代表的群众性科普活动产生了广泛的社会影响。2017 年各类科普活动的参加人数共计 7.71 亿人次，比 2016 年增长 6.30%。全国科研机构和大学向社会开放，开展科普活动的数量达到 8 461 个，参观人次达到 878.65 万人次。由此可以看出，重大科普活动越来越受到领导的重视和群众的喜爱。经过数十年的精心培育，科技周、科普日、社科周等群众性科普活动的引领示范作用愈加明显。

此外，科技部每年都会举办交流座谈会，围绕各省市举办科技活动的优秀经验和做法进行交流。北京积极吸取其他省市的优秀做法，交流新技术手段的运用，为来年北京科技周的成功举办积累经验。

二、多种媒体渠道参与，实现科普效益倍增

各区、各部门都重视科技周的宣传报道，组织动员各类新闻媒体深入基层，及时、全面地宣传丰富多彩的群众性科技活动。重视在电视、广播、报纸、两微一端等开办专题节目，创新宣传方式，拓展宣

传载体，扩大科技周影响。

2018年，中央电视台、北京电视台，人民日报、科技日报、北京日报、北京青年报等媒体都在重要时段和重要版面持续报道了2018年北京科技周的活动主场。同时，北京市科委利用新媒体对科技周活动主场开展了全方位的报道。北京网络广播电视台北京时间进行了7场现场直播，并开启了由北京时间、今日头条、一直播、爱奇艺、花椒、映客、酷6、六间房、第一视频、优酷、凤凰、搜狐、一点资讯、网易16家北京属地网站共同组建并运行的新时代网上正能量直播矩阵，采用中央厨房式的运作机制，把科技周活动主场的直播视频进行了全网推广，总点击量达到600万人次。无线互联利用新媒体传播优势，在IT科技数码等60多家微博、微信账号以及媒体资源上发布活动现场图文信息，累计点击量达3 000多万次。新华网、中国科技网等主要媒体开辟了北京科技周活动主场报道专题，2018北京科技周、科普北京、全国科技创新中心、科技北京等微信、微博，同步开展了科技周报道和线上互动。各类新媒体共编发500多篇原创稿件，总点击量达到6 300多万人次。

三、以信息化提升科普传播效能

目前信息技术的发展已经步入“大智物移云”时代，即大数据、智能化、物联网、移动互联网、云计算等创新技术爆发的时代。在“大智物移云”时代，以智慧化和数字化为特征的信息通信技术、人工智能技术和虚拟现实技术等正在汇聚成一股重要的变革力量，颠覆着传统的科学传播模式。《中国科协关于加强科普信息化建设的意见》指出，“科普信息化是应用现代信息技术带动科普升级的必然趋势”。2015年中国科协办公厅印发了《科普信息化建设专项管理办法》，确立部分地区为科普信息化建设试点，大力推进科普信息化建设。《中国科协科普发展规划（2016—2020 年）》将实施“互联网 + 科普”建设工程作为六大重点工程之一，提出“深入实施科普信息化建设专项”“拓展科普信息传播渠道”“建设科普中国服务云”等目标。目前，在与数字化、网络化、智能化等信息技术深度融合，即科普信息化建设方面，已开展了不少实践探索，形成了一些典型案例与做法。

（一）利用新媒体，改变科普传播方式

随着互联网技术的发展，新媒体受到越来越多的关注。目前我们所说的新媒体主要是指运用数字技术和网络技术，依靠计算机、手机、数字电视等客户终端向广大群众提供信息服务的新类型的传播媒介，包括门户网站、搜索引擎、虚拟社区、微博、微信、手机等。新媒体时代的传播方式主要以互联网传播为主，以其易于接收、互动性强、覆盖率高、传播速度快等优势催生了媒介的社会化，逐渐形成了新的传播格局。科学普及工作的方式和环境也受到了新媒体的影响，它在拓宽科普宣传渠道的同时，也为新时期的科普宣传工作带来了新的挑战。

为有效提升科普宣传效果，顺应新媒体时代的潮流，北京高度重视新媒体在科普工作中的应用，发挥新媒体即时性、便捷性、海量性、交互性、共享性的优势，充分利用信息技术和互联网特别是移动互联网的手段，主动适应公众阅读习惯的变化，通过科普网站、手机、移动电视等媒介和微博、微信等平台，更多采用图示、图片、微视频、动漫、有声读物、互动游戏等形式开发相应的科普产品，开通网站、手机、数字电视等科普终端服务。

由北京市科学技术委员会主办，北京市科技传播中心运营的“科

普北京”公众号，聚焦国内外重大科学进展及科研成果，关注生物医药、新能源、新材料、先进制造等战略性新兴产业的最新成果，介绍相关的创新模式、创新理念。同时，该公众号也服务于社会公众，采用生动有趣、形式多样的编辑手段，将丰富的科普信息和优质科普资源与百姓共享，促进公众科学素质的进一步提升；通过对媒体与公众关注的热点科技问题、焦点事件的权威释疑，引领正确的舆论导向，传递正能量，让社会公众更深入地了解科学、支持创新，夯实创新文化的社会基础。

（二）AR/VR“闯入”科技馆，提供全新的科普体验

VR（Virtual Reality）指虚拟现实技术，是一种能够实现虚拟世界信息创建和体验的计算机仿真系统，其基本原理是利用计算机生成相应的模拟环境，通过多源信息融合的三维动态视景以及实体行为系统仿真，使用户能够沉浸在该环境中，对用户的感官产生影响。AR（augmented reality）指增强现实技术，属于一种能够对摄像机的影像角度、具体位置等进行实时计算分析的技术，能够在现实世界中完成对于虚拟世界的嵌套，推动两者的有效互动。VR 和 AR 技术是目前的热门技术，在理论和应用层面已取得诸多令人瞩目的成就，有效推动了各个行业领域的信息化和智能化。近几年来，北京的一些博物馆将 VR 和 AR 技术应用到藏品展示中，让参观者在享受新科技的同时，趣味学习科普知识。

2017 年 5 月，“看见圆明园”数字体验展在中国园林博物馆开展。该展览借助圆明园数字复原成果，选取圆明园正大光明、勤政亲贤、方壶胜境、西洋楼等 26 个景区，通过“园居理政”“畅襟仙境”“西风东纳”三大主题，多角度复现了“万园之园”的恢宏景色。并

通过实体搭建与 AR、VR 等多种虚拟体验相结合，使观众在展厅中便可看到“再现”的历史场景，获得沉浸式的虚拟游览。其实，博物馆中很多文物都出现了脆化、脱色、剥落等现象，即使经过人工修复，也只能被收藏在展柜中，与参观者保持安全距离。如今，利用 VR 技术即可将文物逼真地呈现在参观者眼前，通过相关设备还能实现 360 度观赏。

2003 年，故宫文化资产数字化应用研究所推出了其第一部 VR 作品《紫禁城·天子的宫殿》，通过手机等设备，观众可以从任意角度全方位地观赏太和殿，“像鸟儿一样俯瞰故宫”。经过十几年的制作，《紫禁城·天子的宫殿》系列已累计完成 7 部作品，在位于故宫端门的虚拟现实演播厅循环播放，每天吸引大量游客观看。另外，AR 技术重新赋予了博物馆和藏品“活力”，将藏品以鲜活的方式展现出来，让文物更有温度，具有较高的互动性和参与性。参观者只需要用手机扫描藏品的 AR 卡片，就会在手机屏幕中显示藏品的三维模型以及声音、文字和特效等，全方位感知历史文化。

（三）运用二维码技术，推进数字化科普场馆建设

伴随移动互联网和识别技术的飞速发展，“扫一扫”在移动支付、浏览器以及资料管理中得到广泛应用。通过智能手机、平板电脑等移动智能终端扫描黑白相间的字符，便能轻松跳转到另一个页面，让人们尽情享受移动互联网带来的便利和新体验。而这一切都离不开二维码技术的支撑，可以说，二维码技术是移动互联网的“入口”。该技术利用几何图形在两个维度存储数据符号信息，具备信息密度大和传输速度快的优点，极大地减少了信息传输的成本，满足了用户快速访问的需求。因此，二维码自诞生之日起就被应用到各行各业的日常管

理中。

在新技术迅猛发展的当下，科普场馆的运营方式也在不断变革，与二维码技术的有机结合使科普场馆的管理模式更加完善，服务更加精细化。目前，二维码技术已被广泛应用于馆藏资源管理中。2017年10月，中国科技馆“华夏之光”展厅经过更新改造后，面向公众重新开放。科技馆通过本地服务平台将展品的名称、科学原理和制作工艺等信息全部录入系统，并为“华夏之光”展厅的每一个展品生成唯一的二维码，将其张贴于展柜上或者场馆引导图中，参观者用手机扫描展品二维码，便可进入该展品的网页，获取文字、图片、音频、视频等各种类型的展品相关信息，也可以保存到手机中，以备日后查阅。相较于传统的简介牌，二维码可以使参观者多角度、全方位了解展品内容，多元化信息展示方式也能满足不同年龄段、不同知识水平参观者的个性化需求。此外，科技馆管理人员通过参观者的点击数据可以及时了解到参观者对哪些展品感兴趣、哪些展品需要改进，便于甄选高质量馆藏资源，提升科技馆的管理能力。

二维码的另一重要应用就是科普讲解。科普讲解是思想和知识的表达，讲解者科学素养和水平的高低直接关系到科普场馆、科普基地功能和作用的发挥。但受经费和编制的限制，北京科普场馆普遍存在科普讲解人员不足、综合素质参差不齐的问题，使参观者从短暂的科普讲解过程中了解的知识非常有限，对馆藏品的欣赏也只能流于表面，大大降低了参观效果。2017年1月，“四月兄弟”与国家博物馆共同推出微信导览平台，参观者通过扫描二维码便可以听到专业讲解员的细致讲解，体验随心畅游的艺术之旅，不用再担心落到队伍后面听不清讲解员的介绍，省去了租用语音导览设备的费用，还可以详细了解自己喜欢的藏品背后的故事。

（四）打造精品科普栏目，推动科普传媒发展

电视传媒是科学普及的重要渠道，创新科普传媒，让科学以人民群众喜闻乐见的形式传播开来，江苏省广播电视总台作出了有益尝试。

1.《最强大脑》

2014 年 1 月 3 日起，江苏省广播电视总台旗下的江苏卫视播出的《最强大脑（第一季）》，受到观众的广泛好评，并获得第 27 届中国电视金鹰奖最佳电视文艺节目作品奖。至今，《最强大脑》系列节目已播出到第五季，共播出 60 多期。

科普为先，引进综艺元素是《最强大脑》成功的关键因素。一般传统科普类节目的一大缺陷就是深奥晦涩的科学知识本身很难被广大观众所吸收，并且科学的涉及范围非常广泛而内容又十分抽象，这之间的矛盾让科普节目难以通过电视传媒进行系统性展播。《最强大脑》则跳出了传统思维，邀请在各个领域知名度较高的嘉宾亲自参与项目挑战，这就缩小了观众和脑力者之间的距离，让科学变得亲民起来。《最强大脑》在节目设计方面也做了许多有利于科学普及的考虑，如在挑战项目的设定方面，很多项目借助表演的形式来展现科学的内涵。

《最强大脑》在严守科学性和创新科普性方面，为传统电视传媒在迎合大众新的科普需求方面进行改革，作出了有益的尝试。

2.《未来科学家》

江苏省广播电视总台教育频道《未来科学家》栏目组，在科普教育电视节目的故事化叙事方面进行了积极探索，并取得了良好成效。

从《未来科学家》的近百期节目中可以总结出，叙事结构的创新

主要可以归为以下三类：第一种为递进式叙事手法。按照事物发展的时间顺序或人们认知的逻辑顺序来安排层次，从外到内、抽丝剥茧、由浅入深地揭示科学原理。第二种是板块式叙事手法。首先明确故事主题，然后再运用一些小故事，将几块相对独立的内容组织在一起，由此来说明和印证其主题。板块式结构相对比较灵活，并且每个板块之间不受严格的逻辑限制。第三种是漫谈式架构手法。节目组以第一视角为线索，看到什么就谈什么，将观众置身于其自己的生活中，让其用自己的眼睛去观察，这种方法最真实且亲切。

除了在叙事结构上下足功夫外，《未来科学家》节目组还在叙事方式悬疑化、叙事语言平民化、叙事图像流畅化等方面进行了深入探索。以科学需要想象，实验探求真相为理念，以每天进一所学校、每天做一个科学实验、每天讲一个科学道理，天天都是科技节为口号，《未来科学家》真正做到了用青少年喜闻乐见的形式传播科学知识。

第四节　加快科教机构产业化步伐

科学技术普及是一项长期的事业，需要多方力量长期投入、稳定支持和广泛参与。因此，全面激活科普主体，动员社会力量参与和支持科普工作，是营造社会创新氛围、强化公众创新意识、促进科技创新科普活动协同发展的必然选择和重要途径。除了科技管理部门、科普场馆以外，科研机构、教育机构拥有大量的科教资源，具有科普传播的巨大优势，是开展科学技术普及的重要力量。充分发挥科研院所和教育机构的资源优势，开展各类科普实践，如面向不同群体的科普活动开展、科普作品创作、科普基础设施建设等，都是提升科普供给能力的重要举措，能够为促进科普供给侧结构性改革提供有效支撑。

一、探索科教机构开展科普实践新型模式

目前，科研机构和教育机构开展科普的模式和做法多种多样，如向公众开放科研成果，举办各种讲座，开展各种研究院校的冬、夏令营，共建科普活动等。

（一）公众开放日活动

各个高校、科研院所定期开放公众日，可以到附近的图书馆展示各个科研院所和大学中的最新科研成果。用最浅显的语言讲解机制、编制手册，利用现场演示等活动向公众展示，宣传科普。例如，北京大学、清华大学等高校以及中科院各所定期开设面向公众的开放日，向民众或者青年学生们展示他们的最新成果，或者普及一些简单的科学知识。比较典型的是中国科学院公众科学日活动。中国科学院公众科学日是中科院一项重要的科学传播活动，于 2005 年 5 月举办首届活动，此后每年 5 月开展一届，至今已举办了 13 届。活动的主要内容是科研院所向社会公众开放，并同步进行科普展览、科普报告、重点实验室开放等多种形式的科技传播与交流活动。其目的是让更多的公众和青少年走进科研院所，近距离了解科学研究过程、感受科学研究氛围、理解科学研究精神，同时进一步提升科研机构、科研人员服务社会、回报社会的公益意识。例如，物理所通过遥感技术、电子技术等多种技术的合成，向公众展示会游泳的人工鱼，以生动形象的方式，帮助公众了解其中蕴含的科学知识与技术。

自 2005 年以来，公众科学日活动的社会影响力逐年增强。开放的科研院所，参与互动的院士、一线科学家、科普工作者、科普志愿者及受众人数逐年增长。参与的院士基本保持在 20 ~ 30 人，参与的

科普工作者、科普志愿者人数自2010年起显著增加，每年达到3 000多人次，累计接待公众已经达到220万人次以上。可见，公众开放日活动得到社会公众的高度关注，其传播效果得到公众普遍认可，在一定程度上满足了公众的科普需求。

（二）科普讲座活动

讲座是高校和科研院所学术资源的重要组成部分，它是了解前沿动态、把握学科发展、拓展学术视野的重要窗口。举办科技节是高校和科研院所开展科普实践的方式之一。科技节可以根据实际情况，设置不同的讲座主题，启发学生对科技创新的兴趣，培养学生爱科学、尚科学的精神，引导学生开展创新实践。同时，科普讲座向公众开放，使公众能够受惠于高校或科研院所的科普资源。

比较典型的案例是北京大学的讲座活动。为了进一步促进北大讲座信息的有效送达，北京大学建立了北大讲座网。北大讲座网提供讲座信息预告（包括讲座名称、时间、地点、主讲人等信息）、讲座录像点播、讲座信息订阅等服务，是北大各院系学术讲座的统一发布地，并将授权公开的讲座录像免费提供给社会大众，以服务社会、回馈社会，促进高等教育机会平等，促进科学的普及和发展。

（三）中小学科普活动

面向中小学生，中小学校、高校和科研院所可以协同开展科普活动。例如，高校和科研院所联合中小学校，在中小学举办科普讲座、科普展览、科学实验等活动，使高校和科研院所的优势资源惠及中小学生，从小培养学生的科学精神、科学思维，提升其科学素养。

此外，充分利用科普场馆资源也是开展中小学科普教育活动的重要手段。中小学联合科技馆等科普场馆，面向中小学生进行科学知识、科学思维和科学精神的传播和普及。科普场馆根据自身特色，轮流到学校开展活动。2010 年 5 月，中央文明办未成年人组、教育部基础教育一司、中国科协科普部、中国科协青少年科技中心共同发布《2010—2012 年科技馆活动进校园试点推广工作方案》，并通过申报、遴选和评审，正式确立了全国 15 个省、自治区的 36 个示范推广区，在 19 个科技场馆开展深化试点工作。科技馆活动进校园项目把科技馆的科普活动带到学校，同时将科技馆资源与科学课程、综合实践活动、研究性学习结合起来，有效推动了科技场馆与学校科学教育资源的衔接。试点单位在开展青少年科技活动过程中设计开发了课外科技活动资源。例如，广西青少年科技中心的蜡染活动包、山西省青少年科技中心的简单机械和机器人活动包、新疆青少年科技中心的认识中草药活动包、合肥科技馆的奇妙的声音活动包等。天津科技馆经过一个学期在试点学校的教学实践，编写了课堂教学和天文观测相结合的天文校本教材初稿。为了配合 16 课时的校本教材使用，天津科技馆还根据不同课程的主题开发了图文并茂的幻灯片，供教师使用。

（四）高校科学营

科研院所和高校充分利用自身科教资源，探索科教结合提高科学素质的方式，以发挥科研院所或高校在科普领域的重要作用，培养创新人才。全国青少年高校科学营是由中国科协和教育部共同主办，中科院、国资委、铁路总公司等支持的青少年科普活动，每年在暑期资助海峡两岸及港澳地区万余名对科学有浓厚兴趣的优秀高中生走进重点高校、企业、科研院所，参加为期一周的科技与文化交流活动。在活动中，学生将有机会走进国家重点实验室和企业研发中心，聆听名家大师精彩报告，参加科学探究及趣味文体活动等。该活动旨在充分开发开放科研单位、企业的科技教育资源，让广大青少年了解科研单位、企业在国家经济发展和国防建设中的重大作用，感受科技魅力、科学家精神，进而培养对科学研究的兴趣，并增进海峡两岸及港澳地区不同民族青少年间的友谊。首届高校科学营于2012年启动，承办高校41所，包括北京大学、清华大学，均是全国重点大学。在启动仪式上，41所承办高校联合发出《肩负起崇高的社会责任——41所高校联合倡议书》，呼吁高校践行科普责任、弘扬科学精神、放飞科学梦想、传播科技新知、创新科普形式。截至2018年，高校科学营活动已经连续开展了7年，共有来自海峡两岸暨港澳的69 125名中学生和6 906名教师参加了活动，组织院士专家讲座1 263场，开放重点实验室1 752次，举办科技实践活动1 359场，参观科普场馆、文化场所等交流活动累计超过7 800场次，让广大营员感受了科技魅力、科学家精神，培养了对科学研究的兴趣，提升了青少年的科学兴趣和创新精神，增强了青少年的创新自信和实践能力①。

（五）社区科普活动

实施社区科普益民工程是《全民科学素质行动计划纲要实施方案（2016—2020）》的重点任务之一。科研院所、高校利用自身专家和学术资源，结合社区居民需求，面向社区劳动者、老年人、妇女儿童等传播科学知识与技能，也是其开展科普工作、践行科普责任的有效形式。例如，中国医学科学院健康科普中心于2011年启动协和健康大讲堂活动，该活动以中国医学科学院下属各院所、北京协和医院为

① 光明日报：《2019年青少年高校科学营开营》，http：//kexueying. org. cn/article/article. aspx?AID=242837，2019年6月3日。

核心，形成一带一科普专家资源库，让科普讲坛进入大社区，使健康知识传播到社区、街道、广场等，服务社区居民，提升社区居民健康素质和社区卫生服务水平。又如，中华医学会主办公益性科普项目慢性骨关节病科普教育项目，该项目依托中华医学会骨科分会及各地医学会的专家资源和学术资源，组织相关专家深入全国多个城市的社区，通过健康科普讲座的形式，向社区居民宣传骨关节疾病的健康知识。

二、建立科教机构科普供给保障机制

为了更好地激发社会力量支持和参与科普事业，探索科普实践，创新科普形式，针对科研机构和教育机构开展科普工作，本书提出以下建议。

（一）加强对科普重要性的认识

科研院所、高校要搞好科普工作，必须要认识到科普工作的重要意义，认识到科普工作对科技创新和科技教育事业的重要作用。科普工作可以为科技成果营造创新文化氛围，进而推动科技成果的转化和应用。科研机构和教育机构在科学技术领域和教育领域的一些创新成果，其价值还在于进行创新成果的转化。而提高创新成果的转化率和公众知名度，针对科技成果进行科普宣传和传播，无疑是一种有效的手段。科学技术和教育的发展已经进入大科学时代，科技工作者不仅要关心自己的科研能否取得成果，更要想方设法让自己的科技工作和成果为社会公众所理解、承认和支持，这就必须树立起普及科学和让公众理解科学的理念，学习和掌握科普工作的本领，将科技成果科普化。

（二）建立健全科普经费保障制度

为了解决科普经费的问题，建议科研机构和教育机构制定相关文件，明确规定所属机构或部门每年投入科普经费的数额、科普任务及科普成效。对于科研机构，在积极争取多渠道科普经费来源的同时，制定科普经费管理制度，规定各单位每年拿出固定比例的科研经费专门用于做科普，不同资源类型的单位设定不同的比例和经费的限度，以保证各开放单位有数额相对稳定、合理的科普经费。

在条件允许的前提下，经费筹集应该尽量多元化，开拓更多的资金渠道，使科普工作有足够的经营和运转资金。发达国家的科普投入来自政府投入、基金会投入和企业投入，采用费用分担的资助方式，即政府只提供部分经费，其余经费由单位机构从其他渠道获取，如企业捐助和社会捐助。因此，可以借鉴国外建立基金会的做法，同时争取社会的多方支持，通过动员宣传的方法从社会团体、组织、企业或个人那里获得科普的资助资金。在彰显科普公益性之余，在条件允许的情况下开发多种自盈利模式，如开发经营科学纪念品、科普展品，开发体验类、互动类、娱乐类、拓展类、服务类、咨询类科普项目，收取一定费用，尽可能实现经费上的自我循环。当然，主要还是从政府方面获得政策上的支持，通过工作反馈，大力呼吁各级政府、科协、主管单位的经费支持。

（三）加强科普队伍的培训和专业化

开展科普工作，需要发挥科普工作人员的专业性、创造力和对公众需求的把握。科研机构、教育机构应该从以下几个方面加强科普队伍的专业化培训：第一，科研机构和教育机构应该开展关于科学传播理论、国内外科普政策及发展趋势等方面的培训，并鼓励和组织科研人员参与科普活动，以提高科研人员对科普工作的理解和重视程度。第二，对专兼职科普人员进行有针对性的培训。由于大部分单位没有条件以本单位为主体开展培训，可以建立并完善多层级、多学科、现代化的培训体系，如可以借助网络视频的手段，利用网络平台，将培训课程分享到网上，这样科普人员就可以有选择地观看自己想学习的课程，从而解决集中培训不易实现的难题。第三，还可以积极争取与各领域的国际组织合作，邀请国内外知名专家、学者开展相关领域的科普工作研讨会、培训班；组织科普人员进行观摩学习。第四，可以吸纳科技传播、市场营销策划、科普创作、研究设计开发等新型人才，优化人才结构，实现人才多样化，让整个科普工作在多学科科普人才的融合与知识整合中真正活起来、动起来，提高科普创意策划能力。

（四）完善科普活动的管理和评价

首先，要建立专门负责科普工作的领导小组，负责科普工作的组织管理，包括工作规划、政策制定及宏观指导与管理。其次，需要制定科普相关工作人员的管理制度、绩效评估制度、经费管理制度等。通过制度建设，保证科普工作的规范化和常态化。再次，对单位开展的重要科普活动进行评估，并将评估结果纳入年终考评体系，赋予有影响力的权重。对不同类型的单位可以采取不同的考评标准，对科普工作的时间、规模、经费使用、科教资源转化为科普资源的数量、原创性等方面提出量化要求，明确奖惩标准和办法。根据评估结果，对成绩比较突出的单位和科普团队给予奖励。可将奖金划分为集体和个人两部分，其中集体部分累加进受奖单位下一年度科普经费中，个人部分用于奖励受奖单位中的优秀个人。最后，应该制定科普工作管理考评细则，明确分工，拿出一定比例的科普经费对表现突出的科研人员给予表彰，并给予其相应的职称待遇，以此来鼓励其提升科普能力，调动科普工作积极性。

Chapter Seven

第七章

科普供给侧结构性改革社会经济效益

科普供给侧改革为科普资源的发展提供了良好的平台和机遇，本章以北京市作为科技科普先进样本地区，分析其在率先开展科技、科普资源改革后取得的经济社会效果。

第一节　科普供给侧结构性改革的社会效益

一、科技科普资源协同提升

北京集中了全国重要的科技资源，汇集了许多著名高校、一流的科研院所，以及许多国内外大企业的总部及研发中心，科技创新能力较强，在基础研究方面具有绝对优势。

2018 年北京市全社会 R&D 经费投入强度稳居全国之首，基础研究经费占全国总额的比重保持在 20% 以上，是国家原始创新的核心力量。技术合同成交额占全国总额的比重保持在 30% 以上；2018 年 1 ~ 10 月的有效发明专利占全国总数的比重为 10. 2% ，同比提高 0. 37 个百分点[①]。北京地区科技资源优势得到进一步提升。

科普供给侧结构性改革为科普资源的进一步集聚提供了良好契机。供给侧改革能够使更多的社会主体关注科普、参与科普。通过供给侧改革，北京科普基地建设已初步形成政府、社会合力共建的格局，科普资源不断增加，范围越来越广，科普功能得到进一步拓展，科普体系日趋完善。

在《北京市科学技术普及条例》《北京市全民科学素质建设工作方案》《北京市科普基地命名暂行办法》《北京市科普基地管理办法》

① 北京市统计局、国家统计局北京调查总队召开发布会 . 新京报，2019 - 01 - 23.

等政策的支持下，自2007年以来，北京市科普基地已命名7批次，累计命名293家，覆盖北京市16个区。其中，科普教育基地245家，传媒基地23家，培训基地10家，研发基地15家。按科普基地的功能划分，北京目前拥有科技、博物馆类87家，高校院所63家，企业类63家，自然保护区与动植物园类25家，其他类55家。按科普基地所属单位的性质划分，包括团体1家、军队7家、企业86家、事业单位183家、民办非企6家、其他性质的科普基地10家。

二、科普改革促进社会全面进步

（一）促进科学精神传播

著名科普专家王瑜生认为，科学精神是一种崇高而美好的心灵状态，不只是科学界，全社会都应该讲求科学精神[①]。科学精神不仅仅是科学知识，还是一种文化、一种意识形态。科学精神是人们在科学实践中形成的共同理念、价值标准和行为规范，是人在科学活动中的基本精神状态和思维方式。科学精神的核心是“求真”。

科普是传播科学精神的重要途径，科学素养是科学精神在公众素质上的集中体现。2018年中国科协组织开展的第十次中国公民科学素质抽样调查结果显示[②]，我国公民的科学素质水平快速提升。2018年我国公民具备科学素质的人员比例达到8.47%，比2015年的6.20%提高了2.27个百分点。我国各地区公民科学素质的水平也大幅增长，上海、北京公民科学素质水平超过20%，天津、江苏、浙江和广东超过10%，再加上山东、福建、湖北、辽宁这10个省市的公

---

① 王瑜生．科学传播重在传播科学精神［N］．科技日报，2018－07－17.

② 第十次中国公民科学素质抽样调查结果［N］．人民日报，2018－09－19.

民素质水平均超过了全国平均水平。科学素质发展的城乡和性别不平衡状况有所缓解。互联网对公民科学素质提升发挥着越来越重要的作用，我国公民每天通过互联网及移动互联网获取科技信息的比例高达64.6%，除电视外远超其他传统媒体。公民对科学技术持积极支持态度，科学技术职业在我国公民的心目中声望较高，科学家、教师、医生和工程师的职业声望和职业期望均排在前五位。科学素养的提升有力地促进了人的全面发展，满足了人民群众对美好生活的向往。

（二）促进社会进步与发展

科普是一项重要的社会事业，公民科学素养的提升、人民生活水平的提高都离不开科学的生产、生活理念。改革开放以来，我国在提高人民群众的科学素养方面采取了许多措施，投入了大量的人力、物力，也取得了令人瞩目的成就。随着经济社会的快速发展，特别是城镇化和新农村建设进程的不断加快，广大人民群众对科学知识普及的需求已经成为时代的需要和国家发展的需要。

经过相当长时间的努力，科学技术和科技知识的普及在我国已经具备了一定的基础。各地都建有相对正规的专业科普队伍，科技场馆和设施也大多具备专业化水平；在国家的指导下，各地还开展了具有地方特色的科技普及工作，在促进社会发展与进步方面，科普工作发挥了极大的作用。但是由于我国幅员辽阔，人口众多，文化基础和经济基础千差万别，不同地区不同人群的科学素养不同，科普工作要在社会发展中发挥更大的作用还有很多工作要做。

以北京地区的科普宣传场地为例。公共场所科普宣传场地主要指科普画廊、城市社区科普（技）专用活动室、农村科普（技）活动场地和科普宣传专用车。截至2016年底，本市共有科普画廊5 335

个，城市社区科普（技）专用活动室1 297个，农村科普（技）活动场地2 065个，科普宣传专用车53辆。这些场地在促进社会进步方面发挥了重大的作用。

（三）促进科普扶贫，助力全面建成小康社会

由于经济社会发展的不平衡，我国很多地区的科普工作还需要进一步加强。因此，科普扶贫是我国新形势下扶贫工作的重要内容之一。

改革开放以来，尤其是党的十八大以来，在党中央的正确领导和全国人民的共同努力下，我国基本解决了十几亿人的温饱问题，人民生活不断得到改善。在经济社会全面发展的背景下，如何使农村贫困人口更快地摆脱贫困，成为党和政府关注的重点。党的十八大以来，以习近平总书记为核心的党中央把解决农村贫困问题提升到巩固党的执政基础、保持国家长治久安和全面建成小康社会的高度，实施精准扶贫战略，全力推进农村扶贫。

尚智丛认为，“过去的科普更多关注的是素质提升，主要涉及一般的科学知识、科学方法、科学精神，没有特别关注到当地的产业发展等问题。在新的形势下，以科普来推进精准扶贫主要是针对某种产业的新技术的推广使用方面”①。因此，科普扶贫应该从提高地方经济社会发展的水平入手，不断提升当地的产业发展水平。

由于不同地区有不同的产业，经济发展基础不同，各地的技术需求各不相同，新技术的使用效果也是各有特色。因此，在科技日益成为发展产业的利器的背景下，新技术的使用要注意地区的差别。不同

① 科普：助力精准扶贫［N］．中国科学报，2017－01－23.

时期、不同条件下，科普的内容会有所调整。在经济社会发展水平不高的情况下，科普工作可能更应该偏向于实用性技术知识的应用。但是在科普精准扶贫的背景下，应该针对具体情况进行科普内容的选择，采用有差异化的策略进行“因地制宜”和“措施精准”的科普。

农村科普（技）活动场地是面向农民开展科普活动的重要阵地。2016年北京地区共有农村科普（技）活动场地2 065个，比2015年的1 832个增加233个。调查显示，城市发展新区、城市功能拓展区呈正增长，生态涵养发展区呈负增长。

在精准扶贫的内涵下，科普不再仅仅是传统意义上对科学知识的普及，还涉及对实用知识和科学理念的普及，不仅要扶贫，更要扶智。技术知识在当今社会是提升知识水平、文化水平的重要方面，而科学理念、科学思想对解决经济社会发展中遇到的问题，对于全面建成小康社会更具有重要的意义。

（四）提高社会创新文化

习近平总书记指出：“创新是一个民族进步的灵魂，是一个国家兴旺发达的不竭动力，也是中华民族最深沉的民族禀赋。在激烈的国际竞争中，唯创新者进，唯创新者强，唯创新者胜。”创新文化起源于科学共同体，形成于全社会。创新文化是指引导和激励创新的文化，科学共同体的创新文化从内部、局域向外辐射、扩散演化成社会整体的创新文化，与社会创新生态环境相互作用、辩证发展[①]。科学精神和科技价值观提升公众的科技理性和批判性思维能力，引导社会崇尚创新，勇于创新，求真务实；科技规章制度增强公众的创新法律

① 陈套．创新文化如何在全社会蔚然成风［N］．学习时报，2018－01－10.

意识和知识产权保护意识，保护创新人的权益不受侵害。科学活动推动公众积极参与创新科普，增强科技认知能力，提升科学素养。建设创新文化，需要从精神层面、制度层面和物质层面等多方面开展工作，其中最为重要的就是要全社会进一步增强创新观念，建立健全激励创新的管理体制和运行机制[①]。

《“十三五”国家科普和创新文化建设规划》指出，科普供给侧未能满足公众快速增长的多元化、差异化需求。实施创新驱动发展战略，适应和引领经济发展新常态，实现经济发展动力转换、结构优化、速度变化，不仅需要提升科技创新能力，还需要强化创新文化氛围，推进大众创业、万众创新，把科技创新的成果和知识为全社会所掌握、所应用；普遍提高人民生活水平和质量，实现贫困人口全面脱贫，提升社会文明程度，改善生态环境质量，需要进一步在全社会弘扬科学精神、普及科学知识，大幅度提升公民科技意识和科学素质，提高公民解决实际问题和参与公共事务的能力。

众创空间作为大众创业、万众创新的重要阵地和创新创业者的聚集地，在全国各地得到快速发展，并且不断迭代演进。在大众创业、万众创新的时代，众创空间成为科普活动的重要场地。政府应鼓励和引导众创空间等创新创业服务平台面向创业者和社会公众开展科普活动，支持创客参与科普产品的设计、研发和推广。

2015 年度全国科普统计首次对众创空间及双创中开展的培训、宣传等相关科普活动进行了统计。

2016 年度北京市科普统计中，首次对“双创”中开展的培训、宣传等相关科普活动进行了统计[②]。2016 年，北京地区开展创新创业

---

① 陈晓．大力推进创新文化建设［N］．学习时报，2018－03－21.

② 2016 年北京地区科技统计。

培训 2 784 次，共有 37.36 万人次参加了培训；举办科技类项目投资路演和宣传推介活动 1 493 次，5.97 万人参加了路演和宣传推介活动；举办科技类创新创业赛事 452 次，共有 14.38 万人参加了赛事。这些活动有力推动了社会创新文化的形成。

2016 年，北京地区孵化科技类项目 6 879 个。各区县差异较大，其中众创空间孵化科技类项目 120 个及以上（含 120 个）的有 7 个区，分别是石景山、西城、昌平、丰台、海淀、东城、房山、昌平，依次为 2 850 个、2 535 个、764 个、193 个、180 个、168 个、121 个。通州、大兴、怀柔、平谷、密云、延庆和门头沟 7 个区众创空间孵化科技类项目数量仍然是 0。

政府鼓励各类企业建立服务大众创业的开放创新平台，支持社会力量举办创业沙龙、创业大讲堂、创业训练营等创业培训活动。2015 年，北京地区创新创业过程中组织培训活动 2 784 次，参加活动人数 373 646 人次。其中有 5 个区县的培训次数超过 300 次，分别是房山（438 次）、丰台（714 次）、海淀（337 次）、石景山（363 次）、西城（375 次），占全部双创中组织培训活动次数的 79.99%。

北京地区通过积极开展科技类项目投资路演、宣传推介等活动，举办各类创新创业赛事，为创新创业者提供展示平台。这类科普活动可以积极宣传倡导敢为人先、百折不挠的创新创业精神，大力弘扬创新创业文化。科技类项目投资路演和宣传是众创空间孵化科技项目的重要途径，同时也是双创中科普活动的主要形式之一。活动参加人次居多的 6 个区分别是大兴（15 508 人次）、朝阳（15 508 人次）、丰台（12 139 人次）、海淀（18 879 人次）、石景山（10 526 人次）和西城（281 753 人次）。

因此，科普供给侧改革有助于营造崇尚创新的文化环境，加快科学精神的传播和创新价值的塑造，动员全社会理解并投身于科技创新，营造鼓励探索、宽容失败和尊重人才、尊重创造的氛围，加强科研诚信、科研道德、科研伦理建设和社会监督，培育尊重知识、崇尚创造、追求卓越的创新文化。

第二节　科普供给侧结构性改革的经济效益

一、促进产学研结合

创新是引领发展的第一动力，推进产、学、研、用一体化是实施创新驱动发展战略的必然要求，是把创新成果转化为现实生产力的必由之路[①]。产学研合作是指企业、科研院所和高等学校之间的合作，通常指作为技术需求方的企业与作为技术供给方的科研院所或高等学校之间的合作，其实质是促进技术创新所需各种生产要素的有效组合。产学研结合有助于推进以企业为主体、以市场为导向、产学研用相结合的技术创新体系建设，有效激发和配置各种科技资源，充分激发科技机构的创新活力和各种企业的创新能力，并使其转化成为产业升级的新动能。

近年来，我国产、学、研、用一体化发展取得了长足进步，但是与世界一些发达国家相比仍有不小的差距，还存在体制机制不完善、信息需求不对称、成果转化不顺畅等一系列问题。市场要素、需求信息缺失，造成产出的科技成果与市场、用户需求脱节，没有在产、学、研、用之间实现高度耦合和良性互动。“用”是技术创新的出发

① 怀进鹏．打造新时代创新发展的科普之翼［N］．人民日报，2018－04－10（12）．

点和落脚点，研发的技术、产品如果不能在市场应用，技术创新也就失去了意义。推进产、学、研、用一体化必须建立以“用”为导向的创新要素融合新机制，进一步明确产、学、研、用合作的工作重点和着力方向，拓展新技术、新产品市场应用空间，充分发挥市场在配置科技创新资源中的决定性作用。

科普是建设创新型国家和世界科技强国的基础支撑。《纲要》指出，要使科学教育与培训、科普资源开发与共享、大众传媒科技传播能力、科普基础设施等公民科学素质建设的基础得到加强，公民提高自身科学素质的机会与途径明显增多的目标，必须实施科普资源开发与共享工程。主要任务如下。

第一，引导、鼓励和支持科普产品和信息资源的开发，繁荣科普创作。围绕宣传落实科学发展观，创作出一批紧扣时代发展脉搏、适应市场需求、公众喜闻乐见的优秀作品，并推向国际市场，改变目前科普作品“单向引进”的局面。

第二，集成国内外科普信息资源，建立全国科普信息资源共享和交流平台，为社会和公众提供资源支持和公共科普服务。

为了促进科普领域的产学研合作，2018 年 6 月 6 日，中国科学技术协会、中国产学研合作促进会等单位成立了中国科普产学研创新联盟。这一联盟是由致力于通过产学研协调创新，促进我国科学普及事业又好又快发展的企业、学校、科研院所、科普机构和社会团体、组织等单位，以及热心于科普事业的专家、学者等个人自愿发起、参与组成的，是政、产、学、研、用相结合，促进科普产业化、大众化发展的战略联盟；是具有共同价值观并且优势互补、开放共享、相辅相成、相得益彰、风险共担、团结奋进的合作组织。这种产业联盟的建立，对于促进产、学、研、用相结合，提高科普的经济效益具有极大的促进作用。

二、促进科普产业健康发展

科普产业已经成为一个新业态多发、规模快速增长、业务交叉融合、边界日趋扩大的新兴产业。目前，这个产业领域的技术创新、产业融合、产业链整合、行业分工和企业组织方式变革等开始进入活跃期，产业内涵和外延的变化初步具备了新业态的基本特征。在利用市场手段推进知识创新与生产、知识存储与积累、知识推送与传播、知识集成与应用等方面，科普产业正发挥日益重要的作用。

要提高公民的科学素质，就要进一步增加优质科普产品的供给，让科普产品在社会上发挥更大的作用。而目前我国无论是在科普资源的开发、利用、共享上，还是在科普产品的创造、传播、推广上，或是在科普市场的培育和拓展上，都有较大的发展空间。

2018 年《中国科普产业发展研究报告》指出，目前中国科普产业的产值规模约 1 000 亿元，科普企业主要分布在京津冀、长三角地区以及广东等地，大多规模小、技术弱、人才短缺。报告显示，中国主营科普的企业约有 375 个，主要分布在京津冀、长三角地区以及广东和安徽等地，发展较快且有一定规模的业态主要有科普展览教育业、科普出版业、科普影视业、科普网络信息业等。

其中，科普展览教育业是当前科普的主要业态，估计年总产值 50 亿元。同时，随着网络新媒体技术的发展，新兴的科普读物、科普动漫和影视产品、科普游戏受到公众的青睐，尤其以人工智能技术为主导的新媒体，将成为科普传播的主要媒介。

北京地区科普经费的筹集情况同样不容乐观。2016 年北京地区全社会科普经费投入为 25.13 亿元，比 2015 年的 21.26 亿元增加了

3.87亿元。其中，各级政府财政拨款为18.04亿元，占总投入金额的71.79%，比2015年的76.67%减少了4.88个百分点。在政府拨款的科普经费中，科普专项经费为12.63亿元，比2015年的11.99亿元增加5.34%，由此计算得出北京人均科普专项经费58.13元，比2014年的人均55.24元增加了2.89元。

2016年科普筹集经费中，社会捐赠为0.41亿元，比2015年的0.13亿元增加0.28亿元，占科普经费筹集总额的1.63%，比2015年增加1.02个百分点；自筹资金达5.48亿元，比2015年的3.39亿元增加2.09亿元，约占总投入的21.81%，比2015年的15.95%增加了5.86个百分点，仍是仅次于政府拨款的筹资来源；其他收入有1.20亿元，比2015年减少0.22亿元，占4.78%，比2015年减少1.99个百分点。

从科普经费筹集额的增长看，与2012年、2013年、2014年和2015年相比，2016年政府拨款最多；其他收入从逐年增长到有所降低，其他收入从增到降，表明社会资源对科普的投入还未形成稳定的投资机制，也说明科普的产业化水平有待进一步提升。

中国科普产业的发展仍处于起步阶段，但公众和市场对科普产品的需求日益增加，因此，进一步对科普进行供给侧改革有助于从体制机制上破除影响科普产业发展的壁垒和藩篱，为科普产业健康发展奠定良好基础。

三、提高科普资源利用效率

（一）优化科普资源配置

做好科普资源合理配置是科普工作的重要基础和保障，在提高全民科学素质、建设和谐社会中发挥了重要作用。当前我国科普资源建设虽已具备一定基础，但仍存在资源分布不均、重复建设、利用率偏低、集成共享机制欠缺等问题。科普基地资源的有效利用对地区文化建设有着至关重要的作用，应充分调动社会各方面科普工作的积极性，发挥社会科普资源在科普建设中的作用。

北京地区的科普资源可分为基础性资源和专业性资源两大类。基础性科普资源是指具备开展相关科普活动或为科普提供专业性支持的机构、人才、条件和信息等；专业性科普资源是指专门从事科普工作或以科普为主业的机构、专业人员、条件和信息服务等。

据统计，2017 年北京地区拥有科普人员 5.1 万人，较 2016 年减少 4 000 人，每万人口拥有科普人员 23.49 人（北京市 2017 年常住人口 2 170.7 万人）。其中，科普专职人员 0.81 万人，占科普人员总数的 15.84%；科普兼职人员 4.30 万人，占科普人员总数的 84.16%。专职科普创作人员 1 269 人，占科普专职人员的 15.71%；专职科普讲解人员 1 713 人，占专职科普人员的 21.21%。兼职科普人员年度实际投入工作量 4.88 万人/月，人均投入工作量 1.13 个月。注册科普志愿者为 2.37 万人。

北京地区共有科普场馆 123 个（建筑面积 500 平方米以下的不列入统计）。其中，科技馆 29 个、科学技术博物馆 82 个、青少年科技馆站 12 个。科普场馆建筑面积共计 132.88 万平方米，每万人拥有科普场馆建筑面积 612.15 平方米。展厅面积为 53.64 万平方米，每万人拥有展厅面积 247.09 平方米，科普场馆年参观人数为 2 916.35 万人次。科普画廊 3 414 个，城市社区科普（技）活动专用室 1 582 个，农村科普（技）活动场地 1870 个，科普宣传专用车 84 辆。

通过科普供给侧改革，可以进一步聚焦科创产业发展前沿，优化科普资源配置方式。促进社会资源向科普行业进行优化配置，加快科技成果转化，为建设具有全球影响力的科技创新中心提供有力支撑。

（二）提高科普传播能力

目前北京科普基地建设已初步形成政府、社会合力共建的格局，形成以中国科技馆等综合性场馆为龙头、自然科学与社会科学互为补充、综合性与行业性（领域性）协调发展，门类齐全、布局合理的科普基地发展体系，科普基地建设效果显著，宣传辐射效果良好。从传播资源与内容建设、传播渠道、传播效果与受众效果等方面北京科普教育基地的科普传播能力都表现出较强的社会经济效益。

随着科普基地认定和命名工作的深入开展，北京科普基地的建设与发展取得了显著成效。中国消防博物馆等 18 家单位入选 2013 年度优秀全国科普教育基地，北京首云国家矿山公园等 3 家单位被命名为第三批国家级国土资源科普教育基地，北京延庆地质公园成为北京地区第二座世界级地质公园，北京平谷黄松峪和密云云蒙山被评为国家级地质公园。2014 年建成全市首家森林体验中心——八达岭森林体验中心、通州区首个大型户外科普体验园——运河文化广场等一批弘扬科普文化的窗口和基地。建成周口店遗址科普场馆等 8 家科普场馆，累计展厅面积达 4 000 多平方米。

随着科普基地的不断发展，科普基础设施不断完善，科普基地科普活动蓬勃开展，科普基地宣传辐射作用日益凸显，打造了诸如科普基地科普行、科技旅游季和科普之旅等品牌科普活动，科普宣传辐射效果明显。2013 年 10 月启动的 2013—2014 年度科普基地科普行活动，建立全程网络化的科普基地科普行活动预约对接平台，聚集近 100 家科普基地的 130 项精品活动，为首都市民、中小学生、企事业单位员工开展科普活动200多次，实现了日日有活动、月月有精彩，直接受众达15万余人次。2014年开展各类科普行活动1 400多次，参与人数210万人，科普基地服务基层的活动实现了常态化、精品化、高效化和规模化，形成了科普基地无缝对接服务基层、服务首都市民的良好社会氛围。

为有效整合科普基地资源，为市民提供具有北京特色的、科技内涵浓郁的休闲娱乐新体验，从2010年开始，依托科普基地资源，北京推出科技旅游季活动。2011年北京科技旅游季共接待2 800万旅游人次。2012年科技旅游季以147家科普教育基地及相关景点为依托，围绕“创新之城，科技之旅”的主题，打造八大科技旅游品牌，共接待旅游者3 200万人次。2013年，以培育“蓝色之旅”品牌为目的组织开展的科普之旅活动，以“美丽北京，创新之旅”为主题，整合北京地区200多家科普基地和科技旅游景点资源，设计出14条科技旅游一日游线路，首次命名奥林匹克公园为北京市科技旅游示范园区、怀柔影视基地等5家单位为北京市科技旅游示范景点，首次实现了科技旅游景点景区开放与中国旅游日和世界旅游日的对接与融合。2014年科普之旅活动整合200多家科技旅游景点资源，设计打造了25条科技旅游线路和6条京津冀两日、三日游线路，活动受众达660多余万人次。据统计，在“科普之旅”活动期间，各基地与景点共接待受众约4.6亿人次。在这些科普活动的激励和引导下，全市各科普基地充分发挥自身优势，广泛开展各种科普教育活动，为提高北京公众的科学素质和构建和谐社会作出了巨大贡献。

Chapter Eight

第八章 结 语

加强科学技术普及，是持续增强国家创新能力和国际竞争力的基础性工程。以供给侧改革为主线，服务国家创新驱动发展战略，是科普创新发展的突破口。调整资源布局，优化配置方式，释放改革活力，将目前主要以财政投入的驱动方式和以数量规模为主的发展方式，向科普全面结构优化和质量提升的内涵式发展转变。

本书在对当前中国科普供给侧结构性改革政策全面梳理和综合评价的基础上提出：科普供给侧改革需要充分发挥政府引导作用，带动社会资源、创新主体、社会公众参与科普；做好供给需求调研，提升科普供给的科学性，通过科普立项引导，创新科普供给模式；将政府与市场、需求与生产、内容与渠道有效链接，实现科普倍增效应，形成科普生态链；推动传统媒体与新媒体在内容、渠道、平台等方面的深度融合，在当前数字化时代的受众阅读习惯下，科普需要实现全媒体、精准化传播。

科普工作须更加重视需求端和供给端的双向发力，加快实现科普领域的供需匹配。以实现科普人才涌现、参与主体激活、优秀作品繁荣、体制机制创新的高质量发展为目标，深度挖掘高校、院所、企业、国家级和北京市级创新平台的科技资源和成果及时转化为科普内容，促进高端科技资源科普化，提升科普的先进性、前沿性。同时，推动科普产业发展，建立健全适应科普产业良性发展的政策法规体系，从体制机制上破除科普产业发展的壁垒和藩篱，为科普产业健康发展奠定良好基础。

在创新驱动发展战略的背景下，我国科普的战略性取向日趋凸显。国家科普能力建设是建设创新型国家的一项基础性、战略性任务，推进科普供给侧结构性改革，提供优质高效的科普产品服务，铸造更加强劲的创新发展“科普之翼”，培育出更多的创新人才和高素质创新大军，是建设世界科技强国的必由之路和重要保障。

参考文献

[1] 佟贺丰. 科普投入的国内外对比研究及对策分析 [J]. 科普研究，2006 (4)：3 –8.

[2] 刘长波. 论科普的公益性特征与产业化发展道路 [J]. 科普研究，2009，4 (4)：24 –28.

[3] 江兵，耿江波，周建强. 科普产业生态模型研究 [J]. 中国科技论坛，2009 (11)：43 –47.

[4] 曾国屏，古荒. 发展科普文化是社会主义文化大繁荣的题中之义 [J]. 科普研究，2011，6 (6)：9 –15.

[5] 李黎，孙文彬，汤书昆. 科普产业的功能分析及特征研究 [J]. 科普研究，2012，7 (3)：21 –29.

[6] 郑念，张利梅. 科普对经济增长贡献率的估算 [J]. 技术经济，2010，29 (12)：102 –106.

[7] 刘敢新，钟博，丁媛媛. 中国基层科普工作存在的问题及其对策探析 [J]. 高等建筑教育，2013，22 (1)：146 –150.

[8] 任伟宏. 实施带动战略促进科普产业发展 [C] //中国科普理论与实践探索——第二十一届全国科普理论研讨会论文集，2014.

[9] 朱建国. 中国科普现状及对策研究 [C] //2010 湖北省科协工作理论研讨会论文集，2010.

[10] 陈巧玲，张江卉. 科学素质概念的文献综述 [J]. 科协论

坛（下半月），2012（7）：191－192.

［11］郭传杰，褚建勋，汤书昆，等．公民科学素质：要义、测度与几点思考［J］．科普研究，2008，3（2）：26－33.

［12］郭元婕．科学素养之概念辨析［J］．比较教育研究，2004，25（11）：12－15.

［13］程东红．关于科学素质概念的几点讨论［J］．科普研究，2007（3）：5－10.

［14］张增一，李亚宁．科学素质概念的演变［J］．贵州社会科学，2008（8）.

［15］马来平．公民基本科学素质刍论［J］．泰山学院学报，2009（2）：1－3.

［16］翟立原．提升公民科学素质的新探索［J］．科普研究，2007，2（6）：12－14.

［17］张泽玉，李薇．中国公民科学素质基准研究［J］．科普研究，2007，2（6）：15－18.

［18］汤书昆，王孝炯，陈亮．国际科学素质评估的比较与启示［J］．中国科技论坛，2008（1）：127－131.

［19］陈发俊，史玉民，徐飞，等．美国米勒公民科学素养测评指标体系的形成与演变［J］．科普研究，2009，4（2）：41－145.

［20］张超，李曦，何薇．科学素质与科学素质调查的意义［J］．自然辩证法研究，2009（5）.

［21］张超，何薇，李秀菊．科学素质研究中国实践解读［J］．科普研究，2009（5）：40－44.

［22］刘书雁，翟玉晓，戴同斌．关于公民科学素养的几点思考［J］．科技创业月刊，2011，24（2）：148－149.

[23] 张超，任磊，何薇．中国公民科学素质测度解读［J］．中国科技论坛，2013（7）．

[24] 任磊，张超，何薇．中国公民科学素养及其影响因素模型的构建与分析［J］．科学学研究，2013，31（7）：983－990．

[25] 任磊，张超，黄乐乐，等．我国公民科学素质监测评估的新发展和新趋势［J］．科普研究，2017（2）．

[26] 陈云菲．我国基本科技公共服务均等化研究［D］．杭州：浙江财经学院，2010．

[27] 刘烨．中国科普服务均等化问题研究［D］．合肥：合肥工业大学，2010．

[28] 莫扬．我国科普资源共享发展战略研究［J］．科普研究，2010，5（1）：12－16．

[29] 武昌区科协．关于加强基层科普服务体系建设的思考［J］．科协论坛，2014（12）：30－33．

[30] 许兴春．安徽省地质博物馆公共文化服务问题及对策研究［D］．合肥：合肥工业大学，2016．

[31] 杨朋．公共服务视角下县域科学普及现状及对策研究：以南召县为例［D］．郑州：华北水利水电大学，2018．

[32] 王东英．泉州市科普公共服务质量研究［D］．2015．

[33] 刘健．上海市科普资源开发与利用研究［D］．合肥：中国科学技术大学，2011．

[34] 杨希．我国科技馆免费开放政策实施研究［D］．2017．

[35] 莫晓云．基于云计算的科普服务平台研究［D］．广州：广东技术师范学院，2013．

[36] 王法硕，王翔．大数据时代公共服务智慧化供给研究：以

“科普中国+百度”战略合作为例 [J]. 情报杂志，2016，35（8）：179-184.

[37] 朱效民. 增强供给，满足需求——谈谈公共科学文化服务体系建设的思路 [J]. 科普研究，2007，2（4）：12-13.

[38] 刘莹. 云南省科普服务供给研究 [D]. 昆明：云南大学，2013.

[39] 祁路. 城市社区科普服务供给研究 [D]. 2017.

[40] 李陶陶. 科普供给问题探因与对策 [J]. 三峡大学学报（人文社会科学版），2018，v. 40；No. 193（5）：119-122.

[41] 高宏斌，张超，何薇. 我国东中西典型城区领导干部和公务员科普需求研究 [J]. 科普研究，2008，3（6）：65-80.

[42] 胡俊平，石顺科. 我国城市社区科普的公众需求及满意度研究 [J]. 科普研究，2011，6（5）：18-26.

[43] 李蔚然，丁振国. 关于社会热点焦点问题及其科普需求的调研报告 [J]. 科普研究，2013，8（1）：18-24.

[44] 姜琳. 哈尔滨市社区科普教育的公众需求研究 [D]. 哈尔滨：哈尔滨工业大学，2013.

[45] 王朝根. 福建省公众科普需求现状及其影响因素研究 [D]. 福州：福州大学，2011.

[46] 秦美婷，李金龙. “雾霾事件”中京津冀地区公众健康与环境科普需求之研究 [J]. 科普研究，2014，9（4）：22-22.

[47] 毛晖. 供给学派的政策主张及启示 [J]. 北方经济，2007（6）：91-92.

[48] 樊纲. 西方总供给理论概览 [J]. 经济学动态，1990（11）：44-46.

[49] 吴敬琏. 以供给侧改革应对“四降一升”挑战 [J]. 中国经贸导刊，2016 (3)：27 -28.

[50] 张超，吴春梅. 合作社公共服务满意度实证研究：基于 290 户中小社员的调查证据 [J]. 经济学家，2015 (3).

[51] 李娟. 公共文化服务水平综合评价与提升路径研究 [D]. 天津：天津大学，2015.

[52] 潘心纲. 地方政府公共服务合作治理研究——以武汉城市圈为例 [D]. 湖北：武汉大学，2013.

[53] 童萍. 社会组织参与公共文化建设的合法性探析 [J]. 中国矿业大学学报（社会科学版），2016，18 (6)：39 -44.

[54] 黄波. 多元供给机制下公共文化服务的主体困境及出路 [J]. 青海师范大学学报（哲学社会科学版），2018，40 (3)：53 -58.

[55] 陈振明，李德国. 基本公共服务的均等化与有效供给——基于福建省的思考 [J]. 中国行政管理，2011 (1).

[56] 谭岑. 大中型科学技术馆评价模型及其应用研究 [D]. 合肥：合肥工业大学，2010.

[57] 亚当·斯密. 国民财富的性质和原因的研究 [M]. 北京：商务印书馆，1972：254.

[58] 萨缪尔森. 经济学 [M]. 北京：中国石化出版社，2007.

[59] 凯恩斯. 就业、利息和货币通论 [M]. 北京：九州出版社，2007.

[60] 庇古. 福利经济学 [M]. 上海：上海财经大学出版社，2009.

[61] 胡代光. 转型问题的一个马克思主义的全新解法 [J]. 当

代经济研究，2007（7）.

［62］张敏. 以标准化为抓手，提升政府公共服务管理水平［C］// 第十五届中国标准化论坛.

［63］马庆钰. 关于公共服务的解读［J］. 中国行政管理，2005（5）.

［64］高月兰. 对帕累托最优的伦理诘问［J］. 河北理工大学学报，2005（8）.

［65］斯基亚沃 · 坎波，托马西. 公共支出管理［M］. 北京：中国财政经济出版社，2001：77－78.

［66］张璋. 政府绩效评估的元设计理论：两种模式及其批判［J］. 中国行政管理，2000（6）.

［67］加里 · 海尔，华伦 · 贝尼斯，德博拉 · C. 斯蒂芬斯. 以人为本：管理大师麦格雷戈论企业中的人性［M］. 海南：海南出版社，2003.

［68］褚添有. 公共服务绩效管理的障碍及其克服［J］. 改革与发展，2004（6）.

［69］畅婷婷. 政府购买公共服务法律问题研究［D］. 2017.

［70］盖伊 · 彼得斯. 政府未来的治理模式［M］. 北京：中国人民大学出版社，2001：25.

［71］裴欣如，张崇康. 公共服务合同外包的理论框架、现实障碍与对策［J］. 中国市场，2017（5）：119－121.

［72］吴新年. 图书馆绩效评价体系研究［J］. 图书情报，2005（6）.

［73］容志. 公共服务监督体系的逻辑建构：决策、过程与绩效［J］. 中国行政管理，2014（9）.

[74] 杨秋霞，贾雁岭．公共服务满意度研究：一个文献综述［J］．阿坝师范学院学报，2018（4）．

[75] 蔡立辉．西方国家政府绩效评估的理念及其启示［J］．清华大学学报（哲学社会科学版），2003（1）．

[76] 盛明科．服务型政府绩效评估体系的基本框架与构建方法［J］．中国行政管理，2009（4）：32－34．

[77] 范永茂．重塑公众主体地位：地方政府绩效评估之主体构建问题［J］．中国行政管理，2012（7）：35－39．

[78] 李娟．公共文化服务水平综合评价与提升路径研究［D］．天津：天津大学，2015．

[79] 刘娟，黄惠，郝冉．北京市公共服务满意度指数调查研究［J］．首都经济贸易大学学报，2007（5）．

[80] 张会萍，闫泽峰，刘涛．城市公共服务满意度调查研究：以宁夏回族自治区银川市为例［J］．财政研究，2011（9）．

[81] 何华兵．基本公共服务均等化满意度测评体系的建构与应用［J］．中国行政管理，2012（11）．

[82] 纪江明．我国城市公共服务满意度指数研究：基于熵权TOPSIS法的分析［J］．国家行政学院学报，2013（2）．

[83] 陈世香，谢秋山．居民个体生活水平变化与地方公共服务满意度［J］．中国人口科学，2014（1）．

[84] 王伟同，汤雨萌，魏胜广．基于民生满意度视角的基本公共服务绩效评价：来自中国家庭动态跟踪调查数据的分析［J］．地方财政研究，2016（3）．

[85] 任福君，张义忠，刘萱．科普产业发展若干问题的研究［J］．科普研究，2011，6（3）：5－13．

［86］劳汉生．我国科普文化产业发展战略框架研究［J］．科学学研究，2005，23（2）：213－219．

［87］中华人民共和国科学技术部．中国科普统计（2016）［M］．北京：科学技术文献出版社，2016．

［88］聂海林．科技类博物馆公众参与型科学实践平台建设初探［J］．科普研究，2016（1）：56－62．

［89］王怡红．西方“传播能力”研究初探［J］．新闻与传播研究，2000（1）：57－66．

［90］张名章，李云雯．“传播能力”的内涵及其研究视域初探［J］．昆明理工大学学报（社会科学版），2012，12（2）：89－90．

［91］刘建明．当代新闻学原理（修订版）［M］．北京：清华大学出版社，2003：37．

［92］袁汝兵，王彦峰，王世民，等．论我国公民科学素质调查存在的问题［J］．科技管理研究，2010，30（11）：243－245．

［93］汤书昆，王孝炯，徐晓飞．中国公民科学素质测评指标体系研究［J］．科学学研究，2008，26（1）：78－84．

［94］李群，许佳军．中国公民科学素质报告（2014）［M］．2014．

［95］李群．中国公民科学素质报告（2016）［M］．2016．

［96］石长慧，赵延东．重新唤起中国孩子的科学梦想［N］．光明日报，2017－05－04．

［97］国家科学与技术部．中国科普统计［M］．2008．

［98］李吉宁．《科普法》的科学视野［J］．科普研究，2012（4）．

［99］中国科普基础设施科普能力发展报告［M］//中国科普基础设施发展报告（2010）．北京：社会科学文献出版社，2011．

[100] 李健民，杨耀武，张仁开，等. 关于上海开展科普工作绩效评估的若干思考 [J]. 科学研究，2007 (12)：331 -336.

[101] 史路平，安文. 科普项目评估制度化探析 [J]. 科普研究，2010 (1)：48 -52.

[102] 张立军，张潇，陈菲菲. 基于分形模型的区域科普能力评价与分析 [J]. 科技管理研究，2015 (2)：44 -48.

[103] 陈套，罗晓乐. 我国区域科普能力测度及其与科技竞争力匹配度研究 [J]. 科普研究，2015 (5)：31 -37.

[104] 吴华刚. 我国省域科普资源建设水平指标体系的构建及评价研究 [J]. 科技管理研究，2014 (18)：66 -69.

[105] 任嵘嵘，郑念，赵萌. 我国地区科普能力评价：基于熵权法—GEM [J]. 技术经济，2013 (2)：59 -64.

[106] 张良强，潘晓君. 科普资源共建共享的绩效评价指标体系研究 [J]. 自然辩证法研究，2012，26 (10)：86 -94.

[107] 张艳，石顺科. 基于因子和聚类分析的全国科普示范县（市、区）科普综合实力评价研究 [J]. 科普研究，2012 (6)：30 -36.

[108] 李婷. 地区科普能力指标体系的构建及评价研究 [J]. 中国科技论坛，2011 (7)：12 -17.

[109] 佟贺丰，刘润生，张泽玉. 地区科普力度评价指标体系构建与分析 [J]. 中国软科学，2008 (12)：54 -60.

[110] 陈昭锋. 我国区域科普能力建设的趋势 [J]. 科技与经济，2007，20 (116)：53 -56.

[111] 莫扬，孙昊牧，曾琴. 科普资源共享基础理论问题初探 [J]. 科普研究，2008 (5)：23 -28.

［112］张风帆，李东松．我国科普评估体系探析［J］．中国科技论坛，2006（3）：69－73.

［113］王伦信．中国近代民众科普史［M］．2009.

［114］张艺芳．科普评估理论初探与案例指南［M］．2004.

［115］张绘．我国科普投入产出效率分析与政策调整：基于DEA—Tobit理论模型的判断［J］．财会月刊，2019（2）：157－163.

［116］李健民，杨耀武，张仁开，等．关于上海开展科普工作绩效评估的若干思考［J］．科学研究，2007（12）：331－336.

［117］刘广斌，李建坤．基于三阶段DEA模型的我国科普投入产出效率研究［J］．中国软科学，2017（5）：139－148.

［118］王宾，李群．基于DEA分析的中国科普投入产出效率评价研究［J］．数学的实践与认识，2015（15）：214－220.

［119］刘广斌，刘璐，任伟宏．基于DEA的中国科普投入产出效率初步分析［J］．重庆大学学报（社会科学版），2016（1）：108－126.

［120］张泽玉．地区科普力度评价指标体系构建与分析［J］．中国软科学，2008（12）：54－60.

［121］中华人民共和国科学技术部．中国科普统计（2008—2014）［M］．北京：科学技术文献出版社，2009—2015.

［122］李建坤，刘广斌，刘璐．科普投入产出相关文献研究综述［J］．科普研究，2015，10（3）：82－89.

［123］杨传喜，侯晨阳．科普资源配置效率评价与分析［J］．科普研究，2016，11（1）：41－48.

［124］范斐，杜德斌，李恒．区域科技资源配置效率及比较优势分析［J］．科学学研究，2012，30（8）：1198－1205.

[125] 俞学慧. 科普项目支出绩效评价体系研究 [J]. 科技通报, 2012, 5 (28): 210-218.

[126] 彭薇. 湖北省中小科技馆科普资源利用问题及对策研究 [D]. 武汉: 华中科技大学, 2009.

[127] 刘玲利. 中国科技资源配置效率变化及其影响因素分析: 1998—2005 年 [J]. 科学学与科学技术管理, 2008 (7): 13-19.

[128] 叶儒霏, 陈欣然, 余新炳. 影响我国科技资源配置效率的原因及对策分析 [J]. 研究与发展管理, 2004, 16 (5): 113-118.

[129] 中国科普研究所. 科普效果评估理论和方法 [M]. 2003.

[130] 任福君, 李朝晖. 中国科普基础设施发展报告 (2011) [M] // 中国科普基础设施发展报告. 2010.

[131] 杨娟, 王芳, 王巍. 现代物流产业生态圈研究与应用 [J]. 中国物流与采购, 2018 (12).

[132] 任皓, 张梅. "互联网+" 背景下西部旅游产业生态圈建设研究 [J]. 生态经济, 2017 (6).

[133] 袁政. 产业生态圈理论论纲 [J]. 学术探索, 2004 (3): 36-37.

[134] 马勇, 周婵. 旅游产业生态圈体系构建与管理创新研究 [J]. 武汉商学院学报, 2014 (4): 5-9.

[135] 李春蕾, 唐晓云. 论旅游物流生态圈的构建 [J]. 商业经济研究, 2015 (35): 41-42.

[136] 钱小聪. 大数据产业生态圈研究 [J]. 信息化研究, 2013 (6).

[137] 郑念, 王明. 新时代国家科普能力建设的现实语境与未来走向 [J]. 中国科学院院刊, 2018, 33 (7).

［138］赵兰兰．利用信息化手段开展社区精准科普［J］．科协论坛，2018，371（6）：11－13．

［139］夏蕾．探析VR/AR应用场景及关键技术［J］．电脑编程技巧与维护，2018，400（10）：146－148．

［140］王艺．实时交互对文化遗产数字化保护的应用技术研究［J］．电脑迷，2018，109（10）：230．

［141］于成丽，胡万里．二维码的前世今生［J］．保密科学技术，2017（12）：57－62．

［142］邵慧．浅谈二维码系统在科技馆的应用［J］．科技风，2014（13）：31－32．

［143］袁红平．中华麋鹿园景区科普讲解能力实践研究［J］．旅游纵览（下半月），2018，277（8）：42．

［144］吴赛娥．微信导览应用现状及对校内文献服务营销的启示［J］．科技创新导报，2014（23）：191．

［145］任福君．科技传播与普及概论［M］．2012．

［146］郑念．科普项目的管理与评估［M］．2008．

［147］Rocard M. Where is Europe Going?［J］. CROSSROADS—The Macedonian Foreign Policy Journal，2007，21（2）：19．

［148］Council N. Impact of Genetically Engineered Crops on Farm Sustainability in the United States［J］. Journal of Huazhong Agricultural University，2010，18（18）：543－546．

［149］Hofstein A，Ben－Zvi R，Samuel D，et al. A Factor—Analytic investigation of Meyer's test of interests［J］. Journal of Research in Science Teaching，2010，14（1）：63－68．

［150］Shen B S P. Scientific Literacy and the Pulic Understanding of

Science [C]. In S. B. Day (Eds.), Communication of Scientific Information, pp. 44 -52.

[151] Jon D. Miller. Scientific Literacy: A Conceptual and Empirical Review [M]. Daedalus, 1983 (112).

[152] OECD. PISA: Measuring Student Knowledge and Skills [C]. The PISA Assessment of Reading. Mathematical and Scientific Literacy, 2000.

[153] Diener E, Suh E M, Lucas R E, et al. Subjective Well—Being: Three Decades of Progress [J]. Psychological Bulletin, 1999, 125 (2): 276 -302.

[154] Miranda R & Lerner A. Bureaucracy, Organizational Redundancy and the Privatization of Public Services. Public Administration Review, Vol. 55. No. 2 (1995), pp, 193 -200.

[155] Calvert P J, Cullen R J. Further dimensions of public library effectiveness Ⅱ: the second stage of the New Zealand Study. Library & Information Science Research, 1994, 16 (2): 87 -104.

[156] Osborne D, Gaebler T, Reinventing Government [M]. Addison - Wesley, 1992.

[157] Hood C A. A Public Management for all seasons [J]. Public Administration, 1991.

[158] Greer P. Transforming Gentle Government [M]. Erkshire: Open University Press, 1994.

[159] Hildegard T. Combining welfare mix and New Public Management: The Case of Long - term Care Insurance in Germany [J]. International Journal of Social Welfare, 2012 (21): 16 -21.

[160] Nelissen N, Marie L B, Arnold G, Peter D. Reinventing Government [M]. Utrecht, Netherlands: International Books, 1999.

[161] Donahue J D, Joseph S, Nye J. For The People Can We Fix Public Service [J]. Bookings Institution Press, 2003.

[162] King C, Camilla S. Government is Us: Public Administration in an Anti—Government Era [M]. Thousand Oaks, CA: Sage Publications, 1998.

[163] Vinzant, Janet. Where Values Collide: Motivation and Role Conflict in Child and Adult Protective Services [J]. American Review of Public Administration, 2008, 28 (4): 347 -366.

[164] Sink D S, Tuttle T C. Planning and Measurement in Your Organization of Future [J]. Industrial Engineering and Management, 2003, 12 (6): 59 -62.

[165] Witesman E M. Order Beyond Crisis: Organizing Considerations Across the Public Service Configuration Life Cycle [J]. Public Administration Review, 2010.

[166] Frank L, Kwaku O. The New Charter System in Ghana: the Grail of Public Service Delivery [J]. International Review of Administrative Sciences, 2010.

[167] Prieto A M, Cordel D M. Evaluating Effectiveness in Public Provision of Infrastructure and Equipment: The Case of Spanish Municipalities [J]. Journal of Productivity Analysis, 2001, 15 (1): 41 -58.

[168] Silvestre H C. Public - private Partnership and Corporate Public Sector Organization: Alternative Ways to Increase Social Performance

in the Portuguese Water Sector [J]. Utilities Policy, 2012, 22 (1): 41 - 49.

[169] Heinrich C J, Founier E. Dimensions of Publicness and Performance in Substance Abuse Treatment Organizations [J]. Journal of Policy Analysis and Management, 2004, 23 (1): 49 - 70.

[170] European Science Events Association. Science Communication Events in Europe [R]. 2005.

[171] Annette S, Mikkel B, Magdalena F. Science Communication Events in Europe [M]. London: Alpha Galileo Foundation Ltd, 2006, 39 - 51.

[172] Alvin Renetzky, Barbara J. Flynn. NSF Fact book: Guide to National Science Foundation Programs and Activities [M]. New York: Academic Media, 1971: 57 - 71.

[173] Education and Public Outreach Task Force. Implementing the Office of Space Science Education Public Outreach Strategy: A Critical Evaluation at the Six - Year Mark [R]. 2003.

[174] NASA. National Aeronautics and Space Administration—2003 Strategic Plan [FB/OL]. http: //www. nasa. gov/pdf/1968mai n _ strategi. pdf, 2012 - 11 - 07.

[175] Walter Truett Anderson. All Connected Now: Life In The First Global Civilization [M]. Westview Press, 2001, 103 - 115.

[176] Beeker G S. A Theory of Competition Among Pressure Groups for Political Influence [J]. Quarterly Journal of Economics, 1983, 98 (8): 371 - 400.

附　　录

附录 A：科普供给侧结构性改革指数

该指数依据 2008—2018 年《中国科普统计年鉴》数据，经计算获得。

一、科普供给侧改革指数

	2008	2009	2010	2011	2012	2013	2014	2015	2016	2017
北京	3.62	4.76	4.88	5.77	6.10	7.03	6.84	8.02	7.29	7.76
天津	1.08	1.20	1.13	1.32	1.57	1.55	1.26	1.24	1.55	1.22
河北	0.95	0.93	0.97	1.08	1.25	1.25	1.23	1.17	0.98	1.48
山西	0.55	0.49	0.68	1.15	1.21	1.52	0.78	0.89	1.04	0.80
内蒙古	0.52	0.75	0.81	0.98	1.24	1.08	1.00	2.02	1.03	1.17
辽宁	1.19	1.33	1.51	1.51	1.54	1.64	1.70	1.84	1.78	1.87
吉林	0.73	0.48	0.69	0.72	0.79	0.79	0.50	0.46	0.28	0.81
黑龙江	0.59	1.00	0.71	0.73	0.73	0.71	0.66	1.15	1.01	1.04
上海	2.20	2.57	2.95	3.10	3.46	3.83	4.58	3.93	3.97	3.95
江苏	1.57	2.40	2.41	2.29	1.95	2.26	2.19	2.46	2.12	2.49
浙江	1.53	1.47	2.54	2.55	2.02	1.76	2.27	2.46	3.65	2.30
安徽	0.75	0.98	1.07	1.06	1.00	1.22	1.26	1.23	1.21	1.04
福建	0.86	0.98	1.03	1.20	1.33	1.19	1.17	2.05	1.38	1.34
江西	0.70	0.81	1.02	0.76	0.88	1.31	1.36	1.35	1.40	1.54

续表

	2008	2009	2010	2011	2012	2013	2014	2015	2016	2017
山东	1.04	1.67	1.47	1.48	1.59	1.83	1.92	2.11	1.36	1.47
河南	1.03	1.16	1.14	1.12	1.51	0.89	1.03	1.00	1.56	1.49
湖北	1.33	1.49	1.65	1.68	1.94	1.82	1.89	2.54	1.89	1.89
湖南	0.91	0.89	1.03	0.96	1.29	1.40	1.14	1.41	1.60	2.00
广东	1.72	1.86	1.71	1.64	1.51	1.53	1.57	2.13	2.11	2.29
广西	0.93	0.95	0.95	0.95	1.06	0.88	0.92	1.41	1.08	1.30
海南	0.44	0.73	0.82	0.91	0.90	0.67	0.58	0.64	0.62	0.73
重庆	0.54	1.39	0.87	0.87	0.91	0.96	1.00	1.41	1.42	1.42
四川	1.19	1.43	1.37	1.47	2.41	1.74	1.67	2.44	1.59	1.85
贵州	0.72	0.64	0.60	0.64	0.65	0.70	0.68	0.78	0.71	0.77
云南	1.07	1.18	1.20	1.33	1.41	1.41	1.31	1.88	1.71	1.74
西藏	0.13	0.26	0.27	0.36	0.28	0.37	0.40	0.69	0.49	0.58
陕西	0.89	0.99	1.10	1.13	1.25	1.43	1.42	2.05	1.70	1.62
甘肃	0.60	0.68	0.61	0.87	0.97	1.00	0.97	1.25	1.23	1.32
青海	0.41	0.50	0.94	0.76	0.94	0.76	0.71	1.01	0.86	0.86
宁夏	0.52	0.57	0.58	0.64	0.63	0.81	0.60	0.88	0.72	0.86
新疆	0.71	1.01	1.11	1.35	1.27	1.46	1.27	2.42	1.24	1.79

二、科普普惠供给指数

	2008	2009	2010	2011	2012	2013	2014	2015	2016	2017
北京	1.20	1.39	1.43	1.43	1.57	1.33	1.45	1.43	1.65	1.65
天津	0.31	0.38	0.39	0.36	0.40	0.41	0.38	0.33	0.33	0.27
河北	0.04	0.06	0.07	0.07	0.09	0.07	0.09	0.10	0.12	0.13
山西	0.12	0.09	0.14	0.18	0.18	0.16	0.16	0.11	0.10	0.12
内蒙古	0.10	0.14	0.22	0.26	0.26	0.33	0.22	0.29	0.20	0.29
辽宁	0.14	0.21	0.20	0.20	0.21	0.21	0.21	0.24	0.27	0.17
吉林	0.09	0.09	0.12	0.12	0.17	0.17	0.06	0.06	0.03	0.06
黑龙江	0.08	0.09	0.08	0.08	0.07	0.10	0.08	0.07	0.09	0.10

续表

	2008	2009	2010	2011	2012	2013	2014	2015	2016	2017
上海	0.36	0.43	0.66	0.64	0.79	1.03	1.58	0.91	1.06	1.09
江苏	0.15	0.19	0.22	0.26	0.25	0.27	0.33	0.31	0.24	0.26
浙江	0.28	0.30	0.32	0.29	0.33	0.34	0.38	0.33	0.39	0.41
安徽	0.10	0.12	0.18	0.18	0.14	0.18	0.17	0.14	0.15	0.15
福建	0.22	0.22	0.23	0.27	0.33	0.27	0.29	0.41	0.28	0.35
江西	0.10	0.14	0.13	0.14	0.13	0.10	0.13	0.15	0.14	0.15
山东	0.06	0.08	0.08	0.09	0.12	0.16	0.19	0.16	0.12	0.12
河南	0.09	0.09	0.11	0.12	0.12	0.09	0.12	0.09	0.12	0.12
湖北	0.15	0.20	0.22	0.19	0.19	0.18	0.23	0.29	0.28	0.27
湖南	0.15	0.16	0.12	0.14	0.17	0.17	0.16	0.15	0.20	0.18
广东	0.12	0.21	0.14	0.13	0.12	0.13	0.13	0.16	0.16	0.15
广西	0.12	0.13	0.11	0.12	0.20	0.20	0.14	0.16	0.20	0.19
海南	0.15	0.28	0.22	0.21	0.21	0.21	0.16	0.23	0.23	0.20
重庆	0.15	0.18	0.17	0.20	0.19	0.25	0.25	0.40	0.33	0.29
四川	0.12	0.14	0.12	0.13	0.16	0.17	0.18	0.23	0.15	0.22
贵州	0.14	0.14	0.14	0.20	0.23	0.25	0.21	0.23	0.22	0.22
云南	0.19	0.18	0.18	0.25	0.26	0.26	0.28	0.34	0.33	0.30
西藏	0.03	0.11	0.07	0.16	0.06	0.17	0.18	0.43	0.15	0.29
陕西	0.14	0.17	0.17	0.22	0.27	0.29	0.25	0.24	0.25	0.27
甘肃	0.10	0.12	0.06	0.13	0.16	0.17	0.20	0.22	0.23	0.19
青海	0.15	0.16	0.43	0.26	0.34	0.28	0.28	0.27	0.37	0.30
宁夏	0.16	0.25	0.20	0.29	0.26	0.34	0.26	0.20	0.22	0.33
新疆	0.14	0.20	0.19	0.21	0.27	0.35	0.28	0.24	0.20	0.29

三、科普平台化建设指数

	2008	2009	2010	2011	2012	2013	2014	2015	2016	2017
北京	0.85	1.33	1.39	1.74	1.76	2.27	2.15	2.73	2.27	2.48
天津	0.21	0.24	0.25	0.43	0.63	0.61	0.34	0.41	0.55	0.37

续表

	2008	2009	2010	2011	2012	2013	2014	2015	2016	2017
河北	0. 26	0. 25	0. 24	0. 27	0. 35	0. 31	0. 31	0. 29	0. 23	0. 42
山西	0. 11	0. 08	0. 10	0. 27	0. 29	0. 44	0. 11	0. 20	0. 23	0. 16
内蒙古	0. 09	0. 12	0. 15	0. 18	0. 27	0. 16	0. 17	0. 48	0. 16	0. 22
辽宁	0. 28	0. 28	0. 38	0. 32	0. 28	0. 29	0. 34	0. 43	0. 39	0. 51
吉林	0. 21	0. 07	0. 14	0. 12	0. 09	0. 09	0. 09	0. 09	0. 05	0. 23
黑龙江	0. 13	0. 28	0. 15	0. 14	0. 13	0. 11	0. 12	0. 28	0. 18	0. 23
上海	0. 56	0. 69	0. 74	0. 81	0. 88	0. 88	0. 90	0. 92	0. 89	0. 90
江苏	0. 48	0. 81	0. 77	0. 70	0. 53	0. 63	0. 54	0. 68	0. 66	0. 73
浙江	0. 48	0. 35	0. 79	0. 70	0. 48	0. 30	0. 59	0. 59	1. 20	0. 44
安徽	0. 16	0. 21	0. 24	0. 19	0. 18	0. 23	0. 21	0. 21	0. 30	0. 19
福建	0. 20	0. 21	0. 24	0. 27	0. 24	0. 20	0. 17	0. 38	0. 18	0. 24
江西	0. 15	0. 17	0. 32	0. 16	0. 18	0. 41	0. 39	0. 42	0. 43	0. 48
山东	0. 22	0. 29	0. 18	0. 19	0. 20	0. 24	0. 29	0. 40	0. 20	0. 20
河南	0. 34	0. 35	0. 32	0. 27	0. 28	0. 29	0. 25	0. 26	0. 40	0. 42
湖北	0. 20	0. 27	0. 28	0. 29	0. 37	0. 34	0. 38	0. 64	0. 35	0. 34
湖南	0. 21	0. 20	0. 26	0. 19	0. 26	0. 26	0. 18	0. 21	0. 37	0. 51
广东	0. 34	0. 41	0. 31	0. 34	0. 26	0. 19	0. 25	0. 44	0. 45	0. 50
广西	0. 30	0. 30	0. 32	0. 26	0. 22	0. 19	0. 23	0. 37	0. 22	0. 34
海南	0. 08	0. 15	0. 17	0. 21	0. 21	0. 10	0. 08	0. 11	0. 08	0. 10
重庆	0. 10	0. 44	0. 19	0. 18	0. 20	0. 20	0. 20	0. 23	0. 26	0. 27
四川	0. 32	0. 39	0. 43	0. 46	0. 40	0. 51	0. 45	0. 81	0. 31	0. 39
贵州	0. 18	0. 14	0. 13	0. 08	0. 12	0. 12	0. 13	0. 19	0. 15	0. 15
云南	0. 27	0. 28	0. 26	0. 25	0. 26	0. 26	0. 26	0. 42	0. 36	0. 39
西藏	0. 00	0. 02	0. 02	0. 02	0. 02	0. 03	0. 02	0. 06	0. 02	0. 03
陕西	0. 27	0. 24	0. 28	0. 25	0. 27	0. 37	0. 37	0. 59	0. 47	0. 39
甘肃	0. 13	0. 14	0. 11	0. 15	0. 18	0. 18	0. 19	0. 27	0. 30	0. 28
青海	0. 05	0. 06	0. 06	0. 08	0. 11	0. 07	0. 07	0. 18	0. 09	0. 11
宁夏	0. 05	0. 06	0. 04	0. 05	0. 05	0. 06	0. 05	0. 14	0. 06	0. 09
新疆	0. 14	0. 24	0. 29	0. 33	0. 22	0. 29	0. 27	0. 69	0. 23	0. 43

四、创新创业促进指数

	2008	2009	2010	2011	2012	2013	2014	2015	2016	2017
北京	0.18	0.17	0.08	0.08	0.05	0.06	0.05	0.04	0.04	0.04
天津	0.18	0.18	0.08	0.17	0.16	0.07	0.07	0.05	0.05	0.03
河北	0.02	0.02	0.03	0.02	0.03	0.03	0.03	0.02	0.02	0.02
山西	0.01	0.01	0.03	0.03	0.03	0.04	0.02	0.02	0.02	0.02
内蒙古	0.06	0.06	0.04	0.06	0.06	0.05	0.05	0.05	0.06	0.04
辽宁	0.02	0.02	0.04	0.05	0.04	0.05	0.03	0.02	0.03	0.02
吉林	0.02	0.02	0.04	0.06	0.07	0.07	0.02	0.02	0.01	0.02
黑龙江	0.03	0.03	0.03	0.03	0.02	0.02	0.03	0.03	0.03	0.03
上海	0.02	0.02	0.02	0.03	0.03	0.03	0.03	0.04	0.04	0.04
江苏	0.03	0.03	0.04	0.05	0.06	0.04	0.04	0.03	0.02	0.02
浙江	0.03	0.02	0.03	0.03	0.03	0.04	0.03	0.03	0.03	0.03
安徽	0.03	0.03	0.02	0.02	0.02	0.02	0.02	0.02	0.02	0.02
福建	0.02	0.02	0.02	0.02	0.03	0.03	0.03	0.02	0.02	0.02
江西	0.03	0.03	0.01	0.02	0.03	0.03	0.03	0.03	0.02	0.02
山东	0.02	0.02	0.01	0.01	0.01	0.02	0.02	0.01	0.01	0.01
河南	0.02	0.02	0.02	0.02	0.03	0.02	0.02	0.01	0.02	0.01
湖北	0.03	0.03	0.03	0.04	0.04	0.04	0.00	0.00	0.00	0.02
湖南	0.02	0.02	0.02	0.02	0.02	0.02	0.02	0.02	0.02	0.01
广东	0.01	0.01	0.01	0.01	0.01	0.01	0.01	0.01	0.01	0.01
广西	0.05	0.05	0.06	0.05	0.04	0.04	0.05	0.06	0.04	0.04
海南	0.04	0.04	0.04	0.05	0.05	0.03	0.03	0.02	0.01	0.02
重庆	0.01	0.01	0.02	0.02	0.02	0.02	0.02	0.02	0.02	0.02
四川	0.04	0.04	0.04	0.06	0.05	0.06	0.07	0.04	0.04	0.04
贵州	0.04	0.04	0.03	0.03	0.03	0.03	0.04	0.03	0.03	0.03
云南	0.17	0.17	0.18	0.19	0.15	0.12	0.10	0.09	0.09	0.09
西藏	0.00	0.00	0.00	0.02	0.02	0.02	0.03	0.02	0.01	0.01
陕西	0.05	0.05	0.07	0.07	0.07	0.06	0.05	0.06	0.05	0.06
甘肃	0.01	0.01	0.04	0.08	0.08	0.08	0.10	0.11	0.09	0.07
青海	0.06	0.06	0.07	0.10	0.09	0.06	0.08	0.06	0.09	0.02
宁夏	0.05	0.05	0.10	0.09	0.07	0.12	0.10	0.05	0.08	0.05
新疆	0.13	0.12	0.15	0.17	0.17	0.18	0.11	0.19	0.13	0.12

五、科普服务与产品指数

	2008	2009	2010	2011	2012	2013	2014	2015	2016	2017
北京	0. 18	0. 17	0. 08	0. 08	0. 05	0. 06	0. 05	0. 04	0. 04	0. 04
天津	0. 18	0. 18	0. 08	0. 17	0. 16	0. 07	0. 07	0. 05	0. 05	0. 03
河北	0. 02	0. 02	0. 03	0. 02	0. 03	0. 03	0. 03	0. 02	0. 02	0. 02
山西	0. 01	0. 01	0. 03	0. 03	0. 03	0. 04	0. 02	0. 02	0. 02	0. 02
内蒙古	0. 06	0. 06	0. 04	0. 06	0. 06	0. 05	0. 05	0. 05	0. 06	0. 04
辽宁	0. 02	0. 02	0. 04	0. 05	0. 04	0. 05	0. 03	0. 02	0. 03	0. 02
吉林	0. 02	0. 02	0. 04	0. 06	0. 07	0. 07	0. 02	0. 02	0. 01	0. 02
黑龙江	0. 03	0. 03	0. 03	0. 03	0. 02	0. 02	0. 03	0. 03	0. 03	0. 03
上海	0. 02	0. 02	0. 02	0. 03	0. 03	0. 03	0. 03	0. 04	0. 04	0. 04
江苏	0. 03	0. 03	0. 04	0. 05	0. 06	0. 04	0. 04	0. 03	0. 02	0. 02
浙江	0. 03	0. 02	0. 03	0. 03	0. 03	0. 04	0. 03	0. 03	0. 03	0. 03
安徽	0. 03	0. 03	0. 02	0. 02	0. 02	0. 02	0. 02	0. 02	0. 02	0. 02
福建	0. 02	0. 02	0. 02	0. 02	0. 03	0. 03	0. 03	0. 02	0. 02	0. 02
江西	0. 03	0. 03	0. 01	0. 02	0. 03	0. 03	0. 03	0. 03	0. 02	0. 02
山东	0. 02	0. 02	0. 01	0. 01	0. 01	0. 02	0. 02	0. 01	0. 01	0. 01
河南	0. 02	0. 02	0. 02	0. 02	0. 03	0. 02	0. 02	0. 01	0. 02	0. 01
湖北	0. 03	0. 03	0. 03	0. 04	0. 04	0. 04	0. 00	0. 00	0. 00	0. 02
湖南	0. 02	0. 02	0. 02	0. 02	0. 02	0. 02	0. 02	0. 02	0. 02	0. 01
广东	0. 01	0. 01	0. 01	0. 01	0. 01	0. 01	0. 01	0. 01	0. 01	0. 01
广西	0. 05	0. 05	0. 06	0. 05	0. 04	0. 04	0. 05	0. 06	0. 04	0. 04
海南	0. 04	0. 04	0. 04	0. 05	0. 05	0. 03	0. 03	0. 02	0. 01	0. 02
重庆	0. 01	0. 01	0. 02	0. 02	0. 02	0. 02	0. 02	0. 02	0. 02	0. 02
四川	0. 04	0. 04	0. 04	0. 06	0. 05	0. 06	0. 07	0. 04	0. 04	0. 04
贵州	0. 04	0. 04	0. 03	0. 03	0. 03	0. 03	0. 04	0. 03	0. 03	0. 03
云南	0. 17	0. 17	0. 18	0. 19	0. 15	0. 12	0. 10	0. 09	0. 09	0. 09
西藏	0. 00	0. 00	0. 00	0. 02	0. 02	0. 02	0. 03	0. 02	0. 01	0. 01
陕西	0. 05	0. 05	0. 07	0. 07	0. 07	0. 06	0. 05	0. 06	0. 05	0. 06
甘肃	0. 01	0. 01	0. 04	0. 08	0. 08	0. 08	0. 10	0. 11	0. 09	0. 07
青海	0. 06	0. 06	0. 07	0. 10	0. 09	0. 06	0. 08	0. 06	0. 09	0. 02
宁夏	0. 05	0. 05	0. 10	0. 09	0. 07	0. 12	0. 10	0. 05	0. 08	0. 05
新疆	0. 13	0. 12	0. 15	0. 17	0. 17	0. 18	0. 11	0. 19	0. 13	0. 12

六、科普基础设施指数

	2008	2009	2010	2011	2012	2013	2014	2015	2016	2017
北京	0. 36	0. 40	0. 43	0. 51	0. 56	0. 61	0. 80	0. 70	0. 78	0. 70
天津	0. 13	0. 12	0. 13	0. 14	0. 17	0. 18	0. 18	0. 18	0. 15	0. 12
河北	0. 32	0. 32	0. 39	0. 43	0. 43	0. 44	0. 43	0. 43	0. 34	0. 38
山西	0. 12	0. 10	0. 20	0. 24	0. 24	0. 26	0. 25	0. 19	0. 23	0. 17
内蒙古	0. 09	0. 17	0. 17	0. 20	0. 26	0. 27	0. 30	0. 30	0. 31	0. 31
辽宁	0. 38	0. 47	0. 51	0. 58	0. 65	0. 72	0. 73	0. 71	0. 75	0. 57
吉林	0. 13	0. 12	0. 17	0. 20	0. 23	0. 23	0. 15	0. 11	0. 09	0. 15
黑龙江	0. 20	0. 26	0. 27	0. 25	0. 25	0. 27	0. 26	0. 32	0. 39	0. 35
上海	0. 63	0. 67	0. 73	0. 79	0. 80	0. 88	0. 92	0. 96	0. 97	0. 90
江苏	0. 45	0. 57	0. 55	0. 58	0. 62	0. 72	0. 78	0. 64	0. 69	0. 64
浙江	0. 35	0. 47	0. 50	0. 49	0. 60	0. 67	0. 62	0. 72	0. 66	0. 86
安徽	0. 23	0. 37	0. 40	0. 44	0. 42	0. 50	0. 50	0. 46	0. 35	0. 40
福建	0. 21	0. 26	0. 28	0. 34	0. 44	0. 43	0. 43	0. 68	0. 59	0. 45
江西	0. 17	0. 23	0. 23	0. 25	0. 24	0. 21	0. 25	0. 20	0. 28	0. 27
山东	0. 44	0. 87	0. 91	0. 88	0. 98	1. 02	1. 06	0. 96	0. 72	0. 82
河南	0. 26	0. 35	0. 36	0. 41	0. 69	0. 24	0. 40	0. 28	0. 41	0. 41
湖北	0. 55	0. 64	0. 76	0. 75	0. 80	0. 78	0. 81	0. 81	0. 73	0. 77
湖南	0. 23	0. 27	0. 28	0. 33	0. 48	0. 49	0. 50	0. 51	0. 49	0. 69
广东	0. 81	0. 82	0. 83	0. 75	0. 70	0. 73	0. 69	0. 76	0. 87	0. 84
广西	0. 18	0. 19	0. 20	0. 23	0. 30	0. 22	0. 25	0. 23	0. 30	0. 35
海南	0. 03	0. 07	0. 14	0. 16	0. 16	0. 16	0. 14	0. 07	0. 04	0. 22
重庆	0. 11	0. 18	0. 18	0. 18	0. 18	0. 19	0. 23	0. 34	0. 33	0. 34
四川	0. 35	0. 45	0. 40	0. 44	0. 62	0. 44	0. 47	0. 43	0. 59	0. 68
贵州	0. 13	0. 14	0. 12	0. 13	0. 12	0. 13	0. 12	0. 11	0. 14	0. 20
云南	0. 22	0. 27	0. 27	0. 31	0. 27	0. 31	0. 29	0. 37	0. 40	0. 43
西藏	0. 01	0. 01	0. 01	0. 01	0. 01	0. 02	0. 02	0. 04	0. 13	0. 04
陕西	0. 18	0. 25	0. 27	0. 26	0. 29	0. 31	0. 31	0. 38	0. 40	0. 42
甘肃	0. 13	0. 16	0. 21	0. 21	0. 18	0. 18	0. 15	0. 19	0. 17	0. 32
青海	0. 04	0. 06	0. 09	0. 11	0. 10	0. 11	0. 10	0. 09	0. 08	0. 09
宁夏	0. 09	0. 07	0. 08	0. 12	0. 12	0. 14	0. 10	0. 14	0. 16	0. 15
新疆	0. 13	0. 17	0. 17	0. 24	0. 27	0. 31	0. 31	0. 40	0. 35	0. 40

七、科普产业化程度指数

	2008	2009	2010	2011	2012	2013	2014	2015	2016	2017
北京	0. 15	0. 08	0. 09	0. 09	0. 10	0. 11	0. 12	0. 14	0. 13	0. 11
天津	0. 08	0. 08	0. 06	0. 06	0. 06	0. 06	0. 07	0. 08	0. 08	0. 10
河北	0. 10	0. 07	0. 05	0. 07	0. 05	0. 08	0. 07	0. 09	0. 10	0. 11
山西	0. 12	0. 10	0. 08	0. 10	0. 10	0. 09	0. 08	0. 13	0. 11	0. 09
内蒙古	0. 07	0. 11	0. 09	0. 09	0. 12	0. 10	0. 08	0. 17	0. 13	0. 04
辽宁	0. 13	0. 10	0. 10	0. 11	0. 11	0. 11	0. 11	0. 11	0. 09	0. 11
吉林	0. 07	0. 08	0. 07	0. 09	0. 09	0. 09	0. 06	0. 07	0. 04	0. 08
黑龙江	0. 05	0. 09	0. 06	0. 07	0. 09	0. 08	0. 05	0. 09	0. 13	0. 10
上海	0. 12	0. 12	0. 13	0. 10	0. 08	0. 06	0. 17	0. 11	0. 08	0. 08
江苏	0. 07	0. 08	0. 07	0. 09	0. 09	0. 10	0. 11	0. 12	0. 12	0. 12
浙江	0. 08	0. 09	0. 08	0. 11	0. 10	0. 09	0. 06	0. 11	0. 09	0. 11
安徽	0. 10	0. 07	0. 08	0. 11	0. 11	0. 11	0. 12	0. 15	0. 14	0. 10
福建	0. 06	0. 09	0. 09	0. 13	0. 10	0. 09	0. 14	0. 13	0. 09	0. 09
江西	0. 09	0. 06	0. 07	0. 08	0. 07	0. 10	0. 10	0. 09	0. 07	0. 10
山东	0. 10	0. 12	0. 10	0. 08	0. 06	0. 10	0. 07	0. 10	0. 17	0. 11
河南	0. 09	0. 09	0. 09	0. 08	0. 11	0. 10	0. 09	0. 08	0. 09	0. 08
湖北	0. 03	0. 05	0. 05	0. 12	0. 10	0. 12	0. 10	0. 09	0. 08	0. 08
湖南	0. 09	0. 05	0. 07	0. 08	0. 09	0. 08	0. 09	0. 10	0. 10	0. 10
广东	0. 11	0. 09	0. 13	0. 12	0. 11	0. 12	0. 13	0. 10	0. 11	0. 11
广西	0. 07	0. 06	0. 07	0. 11	0. 08	0. 09	0. 10	0. 13	0. 11	0. 12
海南	0. 05	0. 05	0. 06	0. 06	0. 06	0. 08	0. 10	0. 08	0. 15	0. 11
重庆	0. 07	0. 08	0. 09	0. 11	0. 11	0. 10	0. 11	0. 09	0. 10	0. 12
四川	0. 07	0. 09	0. 11	0. 08	0. 10	0. 08	0. 10	0. 13	0. 11	0. 10
贵州	0. 07	0. 06	0. 07	0. 06	0. 06	0. 07	0. 09	0. 10	0. 09	0. 08
云南	0. 05	0. 07	0. 09	0. 09	0. 11	0. 07	0. 08	0. 13	0. 10	0. 10
西藏	0. 09	0. 08	0. 12	0. 10	0. 13	0. 08	0. 12	0. 08	0. 15	0. 17
陕西	0. 06	0. 07	0. 08	0. 08	0. 10	0. 09	0. 10	0. 13	0. 11	0. 10
甘肃	0. 09	0. 09	0. 08	0. 07	0. 12	0. 14	0. 10	0. 11	0. 10	0. 09
青海	0. 04	0. 08	0. 17	0. 11	0. 15	0. 11	0. 07	0. 15	0. 06	0. 18
宁夏	0. 09	0. 06	0. 09	0. 03	0. 08	0. 10	0. 05	0. 18	0. 15	0. 13
新疆	0. 06	0. 10	0. 08	0. 11	0. 10	0. 06	0. 08	0. 10	0. 12	0. 11

附录B：科普供给侧结构性改革调查问卷

尊敬的科普专家：

您好！感谢您花费宝贵时间接受我单位开展的《科普供给侧结构性改革调查问卷》。我们承诺对您的个人信息及所填写调查问卷结果保密，调查结果仅用于科研。调查问卷共计18题，且多为排序题，如您有其他建议，可在后面备注。再次感谢您的支持和合作！

1. 您的性别：（单选题）

○男

○女

2. 您的年龄：（单选题）

○29岁及以下

○30～39岁

○40～49岁

○50～59岁

○60岁及以上

3. 您的文化程度：（单选题）

○博士

○硕士

○本科

○大专

○其他

4. 您所在单位类型：（单选题）

○政府机关及事业单位

○高校、科研院所

○企业

○社会团体

○其他

5. 请您对最符合“科普供给主体”这一范畴的选项进行排序。（排序题，请在括号内依次填入数字）

（　　）科普事业管理机构

（　　）科普场馆

（　　）科普企业

（　　）参与科普的科研院所、大学

（　　）科普创作人员和兼职科学家、工程师

6. 请将实现科普产品（科普音像和书籍）高质量供给的措施按照重要性进行排序。（排序题，请在括号内依次填入数字）

（　　）根据科普对象，调整科普产品题材和内容

（　　）改善科普产品传播手段

（　　）增强科普产品传播力度

（　　）培养、引导高水平创作人员参与科普产品开发

（　　）打造精品科普产品，形成示范效应

7. 请您对目前科普活动中存在的突出问题进行排序。（排序题，请在括号内依次填入数字）

（　　）社会影响力不足

（　　）活动组织形式单一

（　　）活动内容陈旧单调

（　　）缺乏常态化活动

（　　）针对重点人群的科普活动较少

（　　）活动宣传渠道低效

8. 请您对促进科普与科技创新的措施进行排序。（排序题，请在括号内依次填入数字）

（　　）加强科研项目配套科普经费落实力度

（　　）建立重点科研机构、大科学装置成果跟踪机制

（　　）协同科研院所，开展专题科普活动

（　　）建立科学家开展科普促进机制

（　　）加强科技传播主体科普功能

（　　）调整科研人员评价体系

（　　）对投资科普活动的资金给予税收优惠

9. 您认为，目前科普供给中最突出的结构性问题是：（排序题，请在括号内依次填入数字）

（　　）城市农村获取科普差距加大

（　　）社会阶层获取科普差距加大

（　　）科普供给地区差距加大

（　　）科普内容中，科学精神体现较少

（　　）科普内容面向人群集中于青少年

（　　）优质科普产品较少

10. 请您对各类科普供给对提高公民科学素质的作用进行排序。（排序题，请在括号内依次填入数字）

（　　）科普影音文等产品

（　　）科普活动

（　　）科普宣传条幅展板

（　　）科普场馆

（　　）参与科普的科学家、科普网红

11. 您认为相对于“十二五”时期，“十三五”时期公众对科普的重视程度发生了何种变化？（单选题）

○变得很不受重视

○变得不受重视

○没有变化

○变得较为重视

○变得非常重视

12. 您对当前科普人才培养情况的态度是：（单选题）

很不满意 ○1 ○2 ○3 ○4 ○5 很满意

13. 您对当前科普活动组织的态度是：（单选题）

很不满意○1 ○2 ○3 ○4 ○5 很满意

14. 您对当前科普产品使用新媒体新技术的态度是：（单选题）

很不满意○1 ○2 ○3 ○4 ○5 很满意

15. 您对目前各类科普资源使用的态度是：（单选题）

○完全没有发挥效能

○发挥效能不充分

○基本发挥了效能

○发挥了效能

○充分发挥了效能

16. 您认为，科普需求的主要来源是：[比重题]

提示：所有项总和必须等于100

公众对自身发展的需求____________________

国家对提高公民科学素质的需求____________________

17. 请您对在科普领域开展供给侧结构性改革应当采取的措施进行排序。（排序题，请在括号内依次填入数字）

(　　) 提高科普产品质量

(　　) 统筹做公益性与经营性科普产业转变

(　　) 营造全社会创新创业环境

(　　) 建立常态性、经常性科普活动机制

(　　) 推动新媒体和传统媒体深度融合

18. 您对科普供给侧改革的其他建议：____________________